汉竹编著·亲亲乐读系列

U0353416

坐月子
一日三餐：视频版

李宁/主编

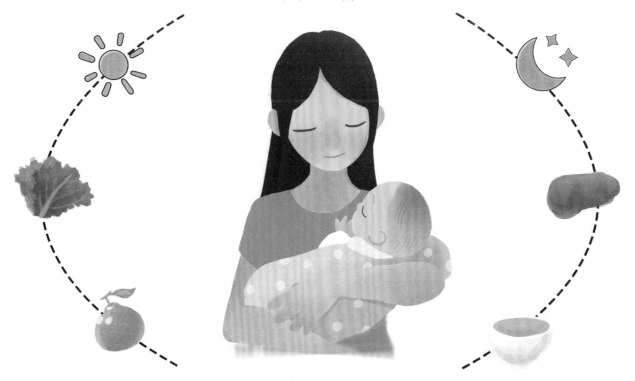

江苏凤凰科学技术出版社
全国百佳图书出版单位
·南京·

图书在版编目（CIP）数据

坐月子一日三餐：视频版 / 李宁主编 . — 南京：江苏凤凰科学技术
出版社 , 2022.07
（汉竹·亲亲乐读系列）
ISBN 978-7-5713-2837-5

Ⅰ. ①坐… Ⅱ. ①李… Ⅲ. ①产妇 – 妇幼保健 – 食谱 Ⅳ.
① TS972.164

中国版本图书馆 CIP 数据核字 (2022) 第 042431 号

中国健康生活图书实力品牌

坐月子一日三餐：视频版

主　　　编	李　宁
编　　　著	汉竹
责 任 编 辑	刘玉锋　黄翠香
特 邀 编 辑	李佳昕　仰　洁　张　欢
责 任 校 对	仲　敏
责 任 监 制	刘文洋

出 版 发 行	江苏凤凰科学技术出版社
出版社地址	南京市湖南路 1 号 A 楼，邮编：210009
出版社网址	http://www.pspress.cn
印　　　刷	合肥精艺印刷有限公司

开　　　本	715 mm×868 mm　1/12
印　　　张	15
字　　　数	300 000
版　　　次	2022 年 7 月第 1 版
印　　　次	2022 年 7 月第 1 次印刷

标 准 书 号	ISBN 978-7-5713-2837-5
定　　　价	39.80 元

导读

刚刚经历完一场艰难的分娩，看着软软糯糯的"小天使"，用"痛并快乐着"来形容妈妈此刻的感受恐怕最恰当不过了。

对于耗费大量元气的妈妈来说，如何坐好月子就成为妈妈和家人们的关注重点，而42天的月子餐更是重中之重。一整套科学、营养、美味的月子餐，能帮助妈妈稳步恢复虚弱的身体，能保证小宝宝有充足和优质的口粮，能解决便秘、堵奶等烦恼的问题，能让妈妈可以借此机会调养身体、恢复身材、增强体质……

6周坐月子黄金期，从一开始的代谢排毒、补气养血，到中期的缓慢进补、增强体质，再到后来的提升元气、瘦身养颜，每周的饮食重点各有不同。本书在每周伊始给出本周内妈妈的身体变化和饮食重点，列举出本周推荐的食材，然后细分到每一天，从主食到菜肴，从汤水到水果，明明白白地安排好一日三餐。

不仅如此，不同产妇有不同的饮食需求。本书贴心地在每周的饮食方案中，又针对产妇类型，给出顺产妈妈与剖宫产妈妈、哺乳妈妈与非哺乳妈妈不同的饮食重点和方案。各位妈妈完全可以根据自身实际情况对号入座，选择适合自己的一日食谱。

妈妈在月子期间可能会遇到各种各样的不适，本书同样给出了针对这些常见不适的产后食疗方，帮助减少妈妈的痛苦和困扰，使妈妈轻松愉悦度过月子期。

全书一共有222道食谱，除了配备全彩高清图片外，还有相应制作视频，扫二维码即可获取。食材家常易购买，步骤详细不复杂，照着做，健康美味菜品轻松入口，为妈妈的营养保驾护航。

目录

第一章
产后第 1 周：新陈代谢

本周推荐的 8 种促恢复食物 2

玉米 促进新陈代谢 2

香油 补气血，促排毒 2

西红柿 开胃，补充营养 2

小米 滋阴养血，恢复体力 3

红枣 安神防贫血 3

生姜 暖身祛寒，促排恶露 3

白萝卜 顺气通气助康复 3

红糖 活血化瘀，促排恶露 3

产后第 1 天 4

顺产妈妈这样吃 4

牛奶红枣粥•珍珠三鲜汤•香油猪肝汤

剖宫产妈妈这样吃 6

山药粥•薏米红枣百合汤•当归鲫鱼汤

产后第 2 天 8

顺产妈妈这样吃 8

红糖小米粥•芪归炖鸡汤•阿胶桃仁红枣羹

剖宫产妈妈这样吃 10

生化汤•当归生姜羊肉煲•西红柿面片汤

产后第 3 天 12

顺产妈妈这样吃 12

豆浆莴笋汤•猪排黄豆芽汤•红薯粥

剖宫产妈妈这样吃 14

牛奶梨片粥•黄花豆腐瘦肉汤•西红柿菠菜面

产后第 4 天 16

顺产妈妈这样吃 16

胡萝卜小米粥•冬笋雪菜黄鱼汤•鸡丁玉米羹

剖宫产妈妈这样吃 18

虾仁馄饨•白萝卜蛏子汤•葡萄干苹果粥

产后第 5 天 20

顺产妈妈这样吃 20

干贝冬瓜汤•肉片炒蘑菇•西红柿炖豆腐

剖宫产妈妈这样吃 22

木瓜牛奶露•银鱼苋菜汤•虾皮豆腐

产后第 6 天 24

顺产妈妈这样吃 24

冰糖五彩玉米羹•牛肉土豆饼•乌鸡糯米粥

剖宫产妈妈这样吃 26

红豆黑米粥•益母草木耳汤•莲子猪肚汤

产后第 7 天 28

顺产妈妈这样吃 28

西红柿鸡蛋面•三丝黄花羹•鱼肉丝瓜汤

剖宫产妈妈这样吃 30

三丁豆腐羹•西蓝花鹌鹑蛋汤•腐竹玉米猪肝粥

第二章

产后第2周：补气养血

本周推荐的8种益气血食物 34

鲫鱼 促进产后子宫恢复 34

红豆 补血，利水消肿 34

核桃 益气补血，提高乳汁质量 34

豆腐 补充钙及优质蛋白质 35

鸡蛋 改善贫血，提高乳汁质量 35

牛肉 补脾胃，益气血，强筋骨 35

黄花菜 利尿消肿，催奶泌乳 35

猪肝 补充铁，防贫血 35

产后第8天 36

顺产妈妈这样吃 36

牛奶银耳小米粥•羊肉汤•海带豆腐汤

剖宫产妈妈这样吃 38

小米桂圆粥•荷兰豆烧鲫鱼•花生红豆汤

产后第9天 40

顺产妈妈这样吃 40

鸡蛋红枣羹•木瓜煲牛肉•猪蹄茭白汤

剖宫产妈妈这样吃 42

核桃红枣粥•海带焖饭•莴笋肉粥

产后第10天 44

哺乳妈妈这样吃 44

黄花菜粥•三丝木耳•明虾炖豆腐

非哺乳妈妈这样吃 46

牛蒡粥•萝卜排骨汤•黄花菜鲫鱼汤

产后第11天 48

哺乳妈妈这样吃 48

奶酪蛋汤•鸡丁炒豌豆•白菜炒猪肝

非哺乳妈妈这样吃 50

麦芽粥•红枣香菇炖鸡•西米猕猴桃粥

产后第12天 52

哺乳妈妈这样吃 52

枸杞鲜鸡汤•芹菜炒牛肉•菠菜鲤鱼汤

非哺乳妈妈这样吃 54

紫菜包饭•红豆花生乳鸽汤•海参木耳小豆腐

产后第13天 56

哺乳妈妈这样吃 56

西红柿鸡蛋羹•清蒸鲈鱼•炒红薯泥

非哺乳妈妈这样吃 58

奶香麦片粥•韭菜炒虾仁•山药羊肉奶汤

产后第14天 60

哺乳妈妈这样吃 60

红枣银耳粥•肉末炒菠菜•猪血豆腐汤

非哺乳妈妈这样吃 62

薏米南瓜粥•冬瓜海带排骨汤•红烧牛肉面

第三章

产后第3周：缓慢进补

本周推荐的8种养元气食物 66

猪蹄 催乳佳品，美容养颜 66

羊肉 益气补虚，增温祛寒 66

鲤鱼 利水消肿，通乳明目 66

鸡肉 健脾胃，活血脉 67

猪血 补血，缓解疲劳 67

板栗 强身健体，提高免疫力 67

莲藕 益血生肌，健脾开胃 67

虾 富含优质蛋白质，增强抵抗力 67

产后第15天 68

哺乳妈妈这样吃 68

西红柿面疙瘩 • 姜枣枸杞乌鸡汤 • 通草鲫鱼汤

非哺乳妈妈这样吃 70

红枣枸杞粥 • 银耳鸡汤 • 小米鳝鱼粥

产后第16天 72

哺乳妈妈这样吃 72

红枣板栗粥 • 海带黄豆猪蹄汤 • 黄花菜糙米粥

非哺乳妈妈这样吃 74

香菇疙瘩汤 • 清炖鸽子汤 • 玉米香菇虾肉饺

产后第17天 76

哺乳妈妈这样吃 76

平菇二米粥 • 豆腐鲤鱼汤 • 清蒸黄花鱼

非哺乳妈妈这样吃 78

雪菜肉丝面 • 藕圆子 • 麦芽鸡汤

产后第18天 80

哺乳妈妈这样吃 80

莲藕瘦肉麦片粥 • 香煎带鱼 • 山药羊肉羹

非哺乳妈妈这样吃 82

红薯山楂绿豆粥 • 香油藕片 • 香菇鸡汤面

产后第19天 84

哺乳妈妈这样吃 84

红枣小米粥 • 板栗烧仔鸡 • 花生鸡爪汤

非哺乳妈妈这样吃 86

黑芝麻米糊 • 香芹炒猪肝 • 丝瓜鱼头豆腐汤

产后第20天 88

哺乳妈妈这样吃 88

香菇鸡肉糙米粥 • 茭白炒肉丝 • 奶汁百合鲫鱼汤

非哺乳妈妈这样吃 90

牛奶核桃粥 • 蛤蜊豆腐汤 • 奶香红枣粥

产后第21天 92

哺乳妈妈这样吃 92

鲜虾粥 • 菠菜猪血汤 • 莲藕排骨汤

非哺乳妈妈这样吃 94

芪枣枸杞茶 • 三鲜冬瓜汤 • 花椒红糖饮

第四章
产后第4周：增强体质

本周推荐的8种增体力食物 **98**

木瓜 增强免疫，缓解便秘 98

猪肉 滋阴润燥，补益气血 98

红薯 利水消肿，通乳明目 98

鳝鱼 补气养血，温阳健脾 99

牛蒡 增强体力，预防便秘 99

黄芪 产后气虚首选 99

海参 修补元气，缓解腰酸乏力 99

香菇 促代谢，强体魄 99

产后第22天 100

哺乳妈妈这样吃 100

海参当归汤 • 胡萝卜牛蒡排骨汤 • 肉末香菇鲫鱼

非哺乳妈妈这样吃 102

豆浆小米糊 • 牛肉炒菠菜 • 香菇豆腐塔

产后第23天 104

哺乳妈妈这样吃 104

肉末菜粥 • 豆芽炒肉丁 • 板栗鳝鱼煲

非哺乳妈妈这样吃 106

红豆山药燕麦粥 • 嫩炒牛肉片 • 红枣牛蒡汤

产后第24天 108

哺乳妈妈这样吃 108

草莓牛奶粥 • 葱烧海参 • 牛肉卤面

非哺乳妈妈这样吃 110

羊肝胡萝卜粥 • 芦笋鸡丝汤 • 西红柿炒菜花

产后第25天 112

哺乳妈妈这样吃 112

豆豉羊肚粥 • 乌鸡白凤汤 • 黑芝麻花生粥

非哺乳妈妈这样吃 114

猪肝菠菜粥 • 麻油鸡 • 黄花鱼豆腐煲

产后第26天 116

哺乳妈妈这样吃 116

黄芪橘皮红糖粥 • 鹌鹑蛋竹荪汤 • 豌豆猪肝汤

非哺乳妈妈这样吃 118

红豆冬瓜粥 • 茄子炒牛肉 • 红薯饼

产后第27天 120

哺乳妈妈这样吃 120

鸡蓉豆腐球 • 清炖鲫鱼 • 青椒炒鳝段

非哺乳妈妈这样吃 122

油菜豆腐汤 • 冬瓜莲藕猪骨汤 • 虾米炒芹菜

产后第28天 124

哺乳妈妈这样吃 124

银耳羹 • 木瓜烧带鱼 • 木耳猪血汤

非哺乳妈妈这样吃 126

排骨汤面 • 小鸡炖香菇 • 西红柿山药粥

第五章

产后第 5 周：提升元气

本周推荐的 8 种调体质食物 130

牛奶 保证母乳钙含量 130

枸杞 滋肝补肾，益精明目 130

燕麦 富含 B 族维生素 130

黑芝麻 养发生津，通乳润肠 131

木耳 补铁补血，益气养颜 131

菠菜 止血补血，调理肠胃 131

豌豆 补中益气，防止便秘 131

乌鸡 补气虚，养身体 131

产后第 29 天 132

妈妈这样吃 132

田园蔬菜粥 • 木耳炒鸡蛋 • 豌豆鸡丝

产后第 30 天 134

妈妈这样吃 134

鸡蛋软煎饼 • 冰糖枸杞炖肘子 • 菠菜板栗鸡汤

产后第 31 天 136

妈妈这样吃 136

山药黑芝麻羹 • 胡萝卜炖牛肉 • 西红柿鸡片

产后第 32 天 138

妈妈这样吃 138

奶香玉米饼 • 猪蹄粥 • 生地乌鸡汤

产后第 33 天 140

妈妈这样吃 140

菠菜肉末粥 • 鸡丝腐竹拌黄瓜 • 白菜猪肉锅贴

产后第 34 天 142

妈妈这样吃 142

燕麦南瓜粥 • 海带豆腐骨头汤 • 莲子芡实粥

产后第 35 天 144

妈妈这样吃 144

红枣大米粥 • 三色补血汤 • 核桃百合粥

第六章

产后第 6 周：瘦身养颜

本周推荐的 8 种助瘦身食物 148

胡萝卜 增强免疫，缓解便秘 148

糙米 消积食，去水肿 148

茭白 热量低，助瘦身 148

丝瓜 美白肌肤抗老化 149

竹荪 减少腹壁脂肪堆积 149

冬瓜 利尿消肿，减肥瘦身 149

白菜 预防便秘，护肤养颜 149

银耳 淡斑美颜助瘦身 149

产后第 36 天 150

妈妈这样吃 150

糙米红薯南瓜粥 • 藕拌黄花菜 • 冬瓜丸子汤

产后第 37 天 152

妈妈这样吃 152

丝瓜粥 • 茭白炖排骨 • 虾肉奶汤羹

产后第 38 天 154

妈妈这样吃 154

银耳樱桃粥 • 大白菜烧蛋饺 • 木瓜竹荪炖排骨

产后第 39 天.. 156
　　妈妈这样吃.. 156
　　鱼丸苋菜汤·清蒸大虾·板栗扒白菜

产后第 40~42 天.. 158
　　妈妈这样吃.. 158
　　玉米胡萝卜粥·豆芽木耳汤·芹菜茭白汤

第七章
产后常见不适食疗方

恶露不尽食疗方案................................. 162
　　生姜葱白红糖汤·益母草煮鸡蛋

乳房胀痛食疗方案................................. 163
　　胡萝卜炒豌豆·丝瓜炖豆腐

产后便秘食疗方案................................. 164
　　竹荪红枣茶·蜜汁山药条

产后贫血食疗方案................................. 165
　　花生红枣茶·三丝牛肉

产后脱发食疗方案................................. 166
　　蜂蜜芝麻糊·海带黑豆煲瘦肉

产后抑郁食疗方案................................. 167
　　牛奶香蕉芝麻糊·什锦西蓝花

产后失眠食疗方案................................. 168
　　荔枝粥·银耳桂圆莲子汤

产后水肿食疗方案................................. 169
　　鸭肉粥·红豆薏米姜汤

产后痛风食疗方案................................. 170
　　宫保素三丁·白萝卜粥

第一章

产后第 1 周：新陈代谢

★妈妈的身体变化

乳房：开始泌乳

阴道：排出恶露

胃肠：功能尚在恢复

子宫：慢慢变小

骨盆：逐渐恢复

★本周饮食重点：开胃排毒，清淡饮食

✓ 多吃加速伤口愈合的食物
✗ 过早吃下奶食物

✓ 多吃口味清淡、细软温热的食物
✗ 产后立即大补

✓ 在月子餐里适量放盐
✗ 服用生化汤时间过长

本周推荐的 8 种
促恢复食物

玉米 促进新陈代谢

玉米能补充人体所需的维生素和蛋白质。另外，玉米富含膳食纤维，能促进肠道蠕动，加速新陈代谢，对于缓解产后便秘有很好的功效。

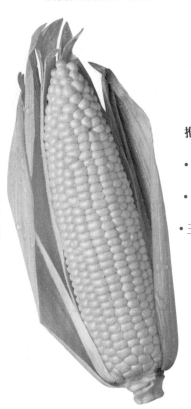

推荐食谱：

• 鸡丁玉米羹（见第 17 页）

• 冰糖五彩玉米羹（见第 24 页）

• 玉米香菇虾肉饺（见第 75 页）

香油 补气血，促排毒

香油含有丰富的不饱和脂肪酸，够促进子宫收缩和恶露排出，助子宫尽快复原，同时还具有软作用，避免妈妈发生便秘。

推荐食谱：

• 香油猪肝汤（见第 5 页）

• 香油藕片（见第 83 页）

• 麻油鸡（见第 115 页）

西红柿 开胃，补充营养

西红柿含有番茄红素、多种维生素和膳食纤维，可以有效提高身体抵抗力，且口感酸甜，适合产后食欲不佳的妈妈食用。

推荐食谱：

• 西红柿面片汤（见第 11 页）

• 西红柿炖豆腐（见第 21 页）

• 西红柿面疙瘩（见第 68 页）

小米 滋阴养血，恢复体力

小米具有滋阴养血、预防消化不良的功效，妈妈产后常食小米粥可以使虚寒的体质得到调养，帮助恢复体力。另外，小米还有助于刺激肠胃蠕动。

推荐食谱：

- 胡萝卜小米粥（见第 16 页）
- 小米桂圆粥（见第 38 页）
- 平菇二米粥（见第 76 页）

红枣 安神防贫血

月子餐中加入红枣可滋养气血、补养身体。红枣具有养血安神的作用，对产后抑郁、心神不宁等有一定的缓解作用。

推荐食谱：

- 牛奶红枣粥（见第 4 页）
- 薏米红枣百合汤（见第 7 页）
- 阿胶桃仁红枣羹（见第 9 页）

生姜 暖身祛寒，促排恶露

生姜祛寒，能温暖子宫以帮助恶露排出。生姜中含有姜辣素，有解表散寒，增加胃肠蠕动、增进食欲的功效。

推荐食谱：

- 当归生姜羊肉煲（见第 11 页）
- 姜枣枸杞乌鸡汤（见第 69 页）
- 生姜葱白红糖汤（见第 162 页）

白萝卜 顺气通气助康复

白萝卜有顺气、健胃、促进肠胃蠕动等作用。剖宫产的妈妈常会因手术创伤等刺激引起胃肠功能紊乱，导致胃肠胀气，出现不能进食等状况，进而影响乳汁分泌，白萝卜对伤口恢复和排气都有帮助。

推荐食谱：

- 白萝卜蛏子汤（见第 19 页）
- 萝卜排骨汤（见第 47 页）
- 白萝卜粥（见第 170 页）

红糖 活血化瘀，促排恶露

红糖是传统的产后补血食品，并能促进产后恶露排出。但要注意，食用红糖不要过频过多，以 7~10 天为宜，以免糖分摄入过量。

推荐食谱：

- 红糖小米粥（见第 8 页）
- 花椒红糖饮（见第 95 页）
- 三色补血汤（见第 145 页）

产后第1天，由于疲劳、胃肠功能差，顺产妈妈宜进食清淡、易消化的流质食物，可循序渐进地恢复体力。

产后第1天
顺产妈妈这样吃

● ●

第1天吃什么

1. 此时不要急于喝下奶汤，以免造成乳汁淤积，导致乳腺炎的发生；

2. 从第1天开始饮用生化汤，顺产妈妈喝7天。

养护关键点

＊ 别着凉

＊ 关注体温

＊ 产后半小时可开奶

牛奶红枣粥

搭配

牛奶红枣粥 1 碗 + 煮鸡蛋 1 个

原料	做法
大米 50 克，牛奶 250 毫升，红枣 2 颗。	①红枣洗净，取出枣核备用。 ②大米洗净，用清水浸泡30 分钟。 ③锅内加入清水，放入淘洗好的大米，大火煮沸后，转小火煮 30 分钟，至大米绵软。 ④再加入牛奶和红枣，小火慢煮至牛奶烧开，粥浓稠即可。

营养功效：牛奶含有丰富的蛋白质、维生素和矿物质，特别是含钙较多；红枣可补血补虚。此粥对产后初期的妈妈来说，既营养又美味。

珍珠三鲜汤

搭配

珍珠三鲜汤 1 碗 + 清炒芥蓝 1 份 + 蒸南瓜 1 块

原料

鸡胸肉 100 克,
胡萝卜丁、嫩豌豆、
西红柿丁各 50 克,
鸡蛋 1 个(取蛋清),
盐、水淀粉、
香油各适量。

做法

①鸡胸肉洗净后剁成肉泥;
加入蛋清、水淀粉一起搅拌。
②将嫩豌豆、胡萝卜丁、西
红柿丁放入锅中,加清水,
待煮沸后改成小火慢炖至豌
豆绵软。
③用筷子把鸡肉泥拨成珍珠大
小的丸子,下入锅中,用大火
将汤再次煮沸,出锅前放盐和
香油调味即可。

营养功效: 鸡肉的脂肪含量少, 铁、蛋白质和维生素的含量却很高, 容易消化, 有益五脏; 胡萝卜中所含的特别营养素—— β - 胡萝卜素, 有补肝明目的作用。

香油猪肝汤

搭配

香油猪肝汤 1 碗 + 什锦面 1 碗

原料

猪肝 100 克,
香油、米酒、
姜片各适量。

做法

①猪肝洗净擦干,切成
薄片备用。
②锅内倒香油,油热后加
入姜片,小火煎成浅褐色。
③将猪肝放入锅内大火快
速煸炒,5 分钟后将米酒
倒入锅中,待米酒煮开立
即取出猪肝。
④米酒用小火煮至完全没
有酒味为止,再将猪肝放
回锅中即可。

营养功效: 动物肝脏营养丰富, 除了含有较多的优质蛋白质以外, 还富含很多种维生素和矿物质元素, 如维生素 A、维生素 D、B 族维生素、铁、锌、铜等。

剖宫产妈妈术后 8 小时内应禁食，待术后 6 小时后，可以喝些温开水，刺激胃肠蠕动，等到排气后才可进食。

剖宫产妈妈这样吃

●●●●●●●●●●●●●●●●●●●●●●

第 1 天吃什么

1. 剖宫产术后一定要等排气后再进食。刚开始进食时，妈妈应选择流质食物，然后向软质食物、固体食物渐进；

2. 剖宫产妈妈不要吃黄豆等易产气的食物，以防腹胀。

养护关键点

* 去枕平卧
* 多翻身
* 排气后再进食

山药粥

搭配

山药粥 1 碗

原料

山药 40 克，
大米 60 克。

做法

①大米洗净，浸泡30分钟。

②山药洗净，去皮，切块；放入锅中蒸 10 分钟左右，取出，捣成泥，待用。

③锅中放入泡好的大米，加水用大火煮沸，转小火慢煮后放入山药泥，煮至粥软烂即可。

营养功效：山药可以健脾胃，适宜产后肠胃功能较差的妈妈食用。

薏米红枣百合汤

搭配

薏米红枣百合汤 1 碗 + 鸡蛋羹 1 碗

原料

薏米 50 克，
鲜百合 20 克，
红枣 4 颗。

做法

①将薏米淘洗干净，放入清水中浸泡 4 小时。

②鲜百合洗净，掰成瓣；红枣洗净，备用。

③将泡好的薏米和清水一同放入锅内，用大火煮开后，转小火煮 1 小时。

④1 小时后，把鲜百合和红枣放入锅内，继续煮 30 分钟即可。

营养功效：百合有镇静和催眠的作用，让妈妈得到充分的休息，宝宝也会睡得安稳踏实。红枣则是天然的补血食物。

当归鲫鱼汤

搭配

当归鲫鱼汤 1 碗 + 软米饭 1 碗

原料

当归 10 克，
鲫鱼 1 条，
盐、葱末各适量。

做法

①将鲫鱼洗净，在鱼身上涂抹少量盐，腌制 10 分钟。

②用清水把当归片洗净，放入清水中浸泡。

③将鲫鱼与当归一同放入锅内，加入泡过当归的水，炖煮至熟，出锅前加入葱末即可。

营养功效：鲫鱼是中国传统的月子食物，民间认为鲫鱼汤具有利水清肺、促排恶露的功效。

有些妈妈会发现身体排出大量含有小血块的血性恶露，不用太过担心，产后第2天恶露增多是正常现象。

产后第2天
顺产妈妈这样吃

● ● ● ● ● ● ● ● ● ● ● ● ● ●

第2天吃什么

1. 适量喝些红糖水、阿胶桃仁红枣羹等补血益气的食品，帮助妈妈子宫收缩、促进恶露排出；

2. 当顺产妈妈的肠胃功能恢复之后，需要及时均衡地补充多种营养成分，不要光喝小米粥。

养护关键点

* 多休息

* 关注阴道出血量

* 按时排便

早餐

红糖小米粥

搭配
红糖小米粥1碗 + 蒸苹果半个

原料

小米100克，
红糖适量。

做法

①将小米洗净，放入锅中加适量清水大火烧开，转小火慢慢熬煮至小米开花。

②加入红糖搅拌均匀，继续熬煮几分钟即可。

营养功效：红糖、小米是坐月子常见的食材，红糖有补血功效，小米可健脾胃、补虚损，适宜刚生产完的妈妈食用，能帮助妈妈补气血、促恢复。

芪归炖鸡汤

搭配

芪归炖鸡汤 1 碗 + 西芹百合 1 份 + 馒头 1 个

原料

公鸡 1 只,
黄芪 5 克,
当归 5 克,
盐适量。

做法

①处理好的公鸡洗净,剁成块;黄芪与当归分别洗净泡软。

②砂锅中加水后放入公鸡块,烧开后撇去浮沫。

③加黄芪、当归,小火炖 2 小时左右;加入盐,再炖 2 分钟即可。

营养功效: 黄芪和当归同食,有利于产后子宫复原、恶露排出,但有高血压的妈妈慎用。

阿胶桃仁红枣羹

搭配

阿胶桃仁红枣羹 1 份 1 份 + 西红柿菜花 1 份
+ 小米粥 1 碗

原料

阿胶 5 克,核桃仁 30 克,
红枣 10 颗。

做法

①核桃仁捣烂备用;红枣洗净,去核备用。

②把阿胶砸成碎块,取 5 克放入瓷碗中,加入 20 毫升水,隔水蒸化后备用。

③将红枣、核桃仁放入砂锅,加清水用小火慢煮 20 分钟。

④将蒸化后的阿胶放入锅内,与红枣、核桃仁同煮 5 分钟即可。

营养功效: 阿胶为妇科良药,可减轻产后妈妈出血过多引起的气短、乏力、头晕、心慌等症状。

术后 24 小时后要练习翻身、坐起，并下床慢慢活动，有助尽早排气，还可预防肠粘连及血栓形成。

剖宫产妈妈这样吃

第 2 天吃什么

1. 剖宫产妈妈伤口愈合较慢，建议适当多吃富含优质蛋白和维生素 C 的食物，以促进组织修复，加速伤口愈合；

2. 加强腰肾功能的恢复，多吃羊肉、山药、芝麻、板栗、枸杞等食品。

3. 剖宫产 2~3 天后可服用生化汤，一般建议服用一周左右，不要超过 2 周。

养护关键点

* 护理好伤口

* 不要吃太饱

* 按摩手脚

早餐

生化汤

搭配

生化汤 1 碗 + 西红柿瘦肉汤 1 碗

原料

当归 24 克，
川芎 9 克，
桃仁 6 克，
黑姜、炙甘草各 2 克，
黄酒适量。

做法

①将当归、桃仁、川芎、黑姜、炙甘草和水以 1:10 的比例共同煮沸。

②调入适量黄酒，小火煮 30 分钟，取汁去渣。

③温热服用。

营养功效：这款生化汤具有活血散寒的功效，可缓解产后血瘀腹痛、恶露不净等症状，对脸色发白、四肢不温的虚弱妈妈，有很好的调养和温补的功效。

当归生姜羊肉煲

搭配

当归生姜羊肉煲 1 份 + 清炒菠菜 1 份
+ 小米饭 1 碗

原料

羊肉 100 克，
当归片 5 克，
生姜片 3 片，
葱段、盐各适量。

做法

①羊肉洗净，切块，余掉血沫，沥干备用。

②当归片洗净，放进热水中浸泡 30 分钟，浸泡当归的水备用。

③将羊肉放入锅内，加入生姜片、当归、葱段和泡过当归的水，小火煲至羊肉熟烂，出锅时加盐调味即可。

营养功效：羊肉具有滋阴补肾、温阳补血、活血祛寒的功效，对改善产后气血虚弱、营养不良、腰膝酸软、腹痛有一定作用。

西红柿面片汤

搭配

西红柿面片汤 1 碗 + 木耳炒腰花 1 份
+ 馒头 1 个

原料

西红柿 1 个，
面片 100 克，
熟鹌鹑蛋 2 个，
高汤、盐、
香油各适量。

做法

①西红柿烫水去皮，切丁。

②油锅烧热，炒香西红柿丁，炒成泥状后加入高汤，烧开后加入鹌鹑蛋。

③加入面片，煮 3 分钟后，加盐、香油调味即可。

营养功效：西红柿富含维生素 C，可提高免疫力，还对皮肤护理有一定效果。

妈妈开始分泌乳汁了，肿胀的血管可能会让你的乳房感到胀满疼痛，给宝宝经常喂奶有助于缓解不适。

产后第3天
顺产妈妈这样吃

• • • • • • • • • • • • • • • • • •

第3天吃什么

1. 足量的蛋白质、碳水化合物、脂肪和水分能促进乳汁分泌，丰富的矿物质和维生素可提高乳汁质量；

2. 在产后第一周里，妈妈可以选择公鸡或童子鸡煮汤食用。

养护关键点

* 预防便秘

* 侧切伤口注意清洁

* 下床走走

豆浆莴笋汤

搭配

豆浆莴笋汤 1 碗 + 芝麻烧饼 1 个

原料

莴笋 100 克，
豆浆 200 毫升，
姜片、葱段、
盐各适量。

做法

①将莴笋茎洗净去皮，切成 4 厘米长、1 厘米宽的条；莴笋叶洗净切成段。

②将锅置大火上，倒入植物油，烧至六成热时放姜片、葱段稍煸炒出香味。

③放入莴笋条、盐，大火炒至断生。

④去姜、葱，将莴笋叶放入，并倒入豆浆，大火煮至熟透即可。

营养功效：豆浆营养丰富，易于消化吸收，可以滋阴润燥，补虚增乳。妈妈进补得好，宝宝营养吸收会更好。

猪排黄豆芽汤

搭配

猪排黄豆芽汤 1 份 + 青椒土豆丝 1 份
+ 小米饭 1 碗

原料

猪排骨段 250 克，黄豆芽 100 克，葱段、姜片、盐各适量。

做法

①猪排骨段洗净，氽水去血污，捞出用水洗净；黄豆芽洗净。

②砂锅中放入适量水，将氽烫好的排骨段、葱段、姜片放入砂锅内，小火慢炖 1 小时。

③将黄豆芽放入，大火煮沸后转小火继续炖至黄豆芽熟透，拣去葱段、姜片，加盐调味即可。

营养功效： 黄豆芽有补血养气的作用，对预防和缓解产后便秘也有一定的作用，可以帮助妈妈的身体尽快恢复。

红薯粥

搭配

红薯粥 1 碗 + 清炒苋菜 1 份 + 清蒸鲈鱼 1 份

原料

红薯 50 克，大米 30 克。

做法

①红薯洗净，去皮切成块；大米洗净，用清水浸泡 30 分钟。

②将泡好的大米和红薯块放入锅中同煮，大火煮沸后转小火熬煮至米烂粥稠即可。

营养功效： 红薯粥味甘甜，能够引起妈妈的食欲，而且富含胡萝卜素，对妈妈和宝宝的眼睛都很有益处。

剖宫产妈妈分泌乳汁的时间要比顺产妈妈晚一点，量也会稍微少一点，这是正常现象，不要太紧张。

剖宫产妈妈这样吃

第 3 天吃什么

1. 可以多吃些鱼、蔬菜类的汤和饮品，不要着急吃油腻的骨汤，以免乳房出现硬块，导致乳汁分泌不畅；

2. 食物品种应多样化，但不能用营养素代替饭菜，应遵循人体的代谢规律，真正符合药补不如食补的原则。

养护关键点

* 用束腹带
* 行动要缓慢
* 自行排尿

牛奶梨片粥

搭配

牛奶梨片粥 1 碗 + 煮鸡蛋 1 个 + 面包 1 片

原料

大米 50 克，
牛奶 250 毫升，
蛋黄 1 个，
梨 30 克，
柠檬、白糖各适量。

做法

①将梨去皮去核，切成厚片，加白糖蒸 15 分钟；将柠檬汁挤在梨片上，拌匀。

②大米淘洗干净，浸泡 30 分钟；将牛奶倒入锅中，放入大米，烧沸后用小火焖成稠粥，再放入蛋黄搅匀，熟后离火。

③大米粥盛入碗中，粥面铺数块梨片即可。

营养功效：梨富含膳食纤维以及钙、磷、铁等微量元素，还含有多种维生素等营养素，有助于顺肠通便。

黄花豆腐瘦肉汤

搭配

黄花豆腐瘦肉汤 1 份 + 清炒丝瓜 1 份
+ 米饭 1 碗

原料

猪瘦肉 100 克，
黄花菜 10 克，
豆腐 150 克，
红枣 5 颗，
盐适量。

做法

①将黄花菜用水浸软、洗净。
②猪瘦肉洗净，切小块；红枣洗净；将豆腐洗净切成大块，备用。
③将黄花菜和猪瘦肉、红枣一起放入锅中，加入适量水，用大火煮沸。
④改用小火煲 1 小时。
⑤放入豆腐煲 10 分钟，加盐调味即可。

营养功效：黄花菜有利水消肿、止血下乳的功效，与富含蛋白质的豆腐和滋阴润燥的猪瘦肉同食，补气、生血、催乳的功效显著。

西红柿菠菜面

搭配

西红柿菠菜面 1 份 + 炒青菜 1 份

原料

面条 100 克，
西红柿 1 个，菠菜 3 棵，
鸡蛋 1 个，
盐适量。

做法

①西红柿洗净，切块；菠菜洗净，切段；鸡蛋打散成鸡蛋液。
②油锅烧热，放入西红柿块煸炒出汁，加入清水煮开，下入面条煮至面条熟透。
③淋入鸡蛋液，放入菠菜段，大火煮开后加盐调味即可。

营养功效：西红柿含有番茄红素、多种维生素及膳食纤维，且口感酸甜，适宜产后食欲不佳的妈妈食用，可起到开胃、补充营养的作用。

由于体内雌激素会快速降低，此时妈妈情绪易波动、不安，常为一点小事不称心而感到委屈，甚至伤心落泪。家人应多关注新妈妈情绪变化。

产后第4天
顺产妈妈这样吃

● ● ● ● ● ● ● ● ● ● ● ● ● ● ● ● ● ● ● ●

第4天吃什么

1.适量选择食用一些有助于调节神经功能的食品，如鱼、蛤蜊、虾、猪肝、花生、苹果、豌豆、牛奶等；

2.香蕉不但富含碳水化合物、钾、可溶性膳食纤维等营养物质，还可以缓解紧张情绪。

养护关键点

＊ 勤喝水

＊ 避免寒凉

＊ 静养

早餐

胡萝卜小米粥

搭配
胡萝卜小米粥1碗 + 煮鸡蛋1个 + 炒青菜1份

原料
小米、胡萝卜各50克。

做法
①小米淘洗干净；胡萝卜洗净，切丁。

②小米放入锅中，加适量清水大火烧开。

③煮沸后转小火，加胡萝卜丁继续熬煮，煮至胡萝卜丁绵软、小米开花即可。

....

营养功效：小米富含色氨酸，有利于促进睡眠，补充能量，缓解疲劳。

....

冬笋雪菜黄鱼汤

搭配

冬笋雪菜黄鱼汤1份 + 生菜明虾1份
+ 米饭1碗

原料	做法
冬笋干片、雪菜各20克，黄花鱼1条，葱段、姜片、盐、黄酒、花生油各适量。	①收拾好的黄花鱼洗净，切块，用黄酒腌浸20分钟。 ②冬笋干片洗净浸泡；雪菜洗净，切碎备用。 ③花生油下锅烧热，将黄花鱼两面各煎片刻。 ④锅中加入清水，放入冬笋、雪菜、葱段、姜片，大火烧开后改中火煮15分钟，出锅前放盐调味，拣去葱、姜即成。

营养功效： 黄花鱼是日常食用的海鱼中比较受欢迎的品种，黄花鱼肉多刺少，味道鲜美。可以为哺乳妈妈提供优质蛋白质，此汤也有助于促进泌乳。

鸡丁玉米羹

搭配

鸡丁玉米羹1份 + 清炒鸡毛菜1份

原料	做法
鸡胸肉100克，玉米粒50克，鸡蛋1个，盐适量。	①玉米粒洗净；鸡胸肉洗净，切成和玉米粒大小相近的小丁；鸡蛋打散成蛋液。 ②将玉米粒、鸡胸肉丁放入锅中加水大火煮开，撇去浮沫，锅上加盖转中火继续煮30分钟。 ③将蛋液沿锅边倒入，待蛋液煮熟后加盐调味即可。

营养功效： 玉米含有较多的铜元素，有益于妈妈的睡眠，同时玉米中的膳食纤维可加强肠蠕动，促进体内废物的排泄。

伤口愈合有一个过程，恼人的伤口、疼痛、哭泣的宝宝都在考验着妈妈的耐心。除了注意调节心情外，也要避免伤口发生感染。

剖宫产妈妈这样吃

第 4 天吃什么

1. 多吃富含维生素 C 和维生素 E 的食物，加快伤口愈合；

2. 多吃鸡蛋、瘦肉、肉皮等富含蛋白质的食物，促进伤口愈合。

养护关键点

＊ 保持伤口干燥

＊ 活动手脚

＊ 变换姿势睡觉

虾仁馄饨

搭配

虾仁馄饨 1 份 + 清炒芹菜 1 份 + 煮鸡蛋 1 个

原料

干净鲜虾仁 30 克，猪肉馅 100 克，鸡蛋 1 个，胡萝卜 15 克，虾皮、盐、香油、葱花、姜丝、淀粉、馄饨皮各适量。

做法

①取鸡蛋清，将鲜虾仁、胡萝卜、部分葱花、姜丝剁碎，加入猪肉馅、鸡蛋清、香油、盐、淀粉拌匀。

②把做成的馅料包入馄饨皮中，放入沸水中煮熟。

③碗内放入虾皮、葱花、盐、香油，倒入热汤，最后捞入馄饨即可。

营养功效：胡萝卜有益肝明目的作用，虾仁含有丰富的蛋白质，且通乳作用较强。

白萝卜蛏子汤

搭配

白萝卜蛏子汤 1 份 + 西蓝花炒木耳 1 份
+ 米饭 1 碗

原料

白萝卜 50 克，
蛏子 100 克，
葱段、姜片、
蒜末、盐、
料酒各适量。

做法

①将蛏子洗净，放入水中泡 2 小时，入沸水中略烫一下，捞出剥去外壳。

②白萝卜削去外皮，切成细丝。

③锅内放油烧热，放入葱段、蒜末、姜片炒香后，倒入清水、料酒。

④将剥好的蛏子肉、萝卜丝一同放入锅内炖煮，汤煮熟后，放入盐即可。

营养功效：白萝卜通气，蛏子肉钙含量很高，是帮助妈妈补钙的好食物。

葡萄干苹果粥

搭配

葡萄干苹果粥 1 碗 + 虾皮小油菜 1 份
+ 菠萝鸡片 1 份

原料

大米 50 克，
苹果 1 个，
葡萄干 20 克，
蜂蜜适量。

做法

①大米洗净沥干，备用。

②苹果洗净去皮，切成小方丁，要立即放入清水锅中，以免氧化后变成黑色。

③锅内放入大米，与苹果丁一同煮沸后，改用小火煮 40 分钟。

④食用时加入蜂蜜、葡萄干，搅拌均匀即可。

营养功效：葡萄干可以提供大脑所需的糖类，苹果可以帮助调节水盐及电解质平衡，对健忘的妈妈有益。

产后第 5 天的妈妈夜里总惦记着要给宝宝喂奶，睡眠质量开始有所下降，晚上睡不踏实。

产后第 5 天
顺产妈妈这样吃

• • • • • • • • • • • • • • • •

第 5 天吃什么

1. 适量选择食用一些有助于调节情绪和帮助睡眠的食品，如鱼、蛤蜊、虾、核桃、花生、苹果、蘑菇、豌豆、牛奶、蜂蜜等；

2. 吃些富含硒元素的食物，如胡萝卜、动物肝脏等，可以帮助妈妈减轻焦虑，缓解抑郁。

养护关键点

* 勤洗澡

* 衣着宽松

* 每天泡脚

早餐
干贝冬瓜汤

搭配

干贝冬瓜汤 1 碗 + 胡萝卜炒鸡蛋 1 份 + 馒头 1 个

原料

冬瓜 150 克，
干贝 50 克，
盐、料酒各适量。

做法

①冬瓜削皮、去子，洗净后切成片备用；干贝洗净，浸泡 30 分钟。

②干贝放入瓷碗内，加入料酒、清水，清水以没过干贝为宜，隔水用大火蒸 30 分钟，凉凉后撕开。

③冬瓜片、干贝放入锅中，加水煮 15 分钟，出锅时加适量盐即可。

营养功效：冬瓜是比较适合做汤的菜，干贝含有较多的蛋白质及锌、铜等营养物质。二者搭配做汤，味道鲜美，还可以为产后妈妈补充所需营养。

肉片炒蘑菇

搭配

肉片炒蘑菇 1 份 + 银耳桂圆莲子汤 1 份
+ 米饭 1 碗

原料	做法
鸡胸肉、蘑菇各 100 克，青椒 1 个，盐、高汤、香油各适量。	①将鸡胸肉、蘑菇、青椒切成薄片。 ②油锅烧热，鸡肉片用小火煸炒，放入蘑菇、青椒，改大火翻炒。 ③加盐、高汤、香油翻炒一下即可。

营养功效： 蘑菇中丰富的 B 族维生素可以抗疲劳、保持身体能量、促进神经细胞发育，能够帮助产后妈妈保持良好心情。

西红柿炖豆腐

搭配

西红柿炖豆腐 1 份 + 红枣桂圆粥 1 碗

原料	做法
西红柿 100 克，豆腐 200 克，葱末、盐各适量。	①西红柿洗净，切块；豆腐冲洗干净，切块。 ②油锅烧热，放入西红柿块煸炒；放入豆腐块，加适量水，大火烧开后转小火炖 10 分钟。 ③大火收汤，撒上葱末，加盐调味。

营养功效： 西红柿炖豆腐色彩艳丽，酸甜可口，营养丰富，是胃口欠佳的妈妈不可错过的健康美食。

剖宫产妈妈因为失血较多，血虚肝郁，睡眠很容易出现问题，长期失眠会加重抑郁和焦虑，这些不良情绪也会影响宝宝。

剖宫产妈妈这样吃

• •

第 5 天吃什么

1. 剖宫产妈妈可在每晚睡前半小时，喝一杯热牛奶或小米粥，帮助顺利入睡；

2. 剖宫产妈妈如果以前有过敏的食物，此时千万不要尝试，海鱼是比较容易引起过敏的食物，选用时一定多加小心。

养护关键点

* 吃足量的果蔬

* 少用止疼药

* 检查伤口愈合情况

木瓜牛奶露

搭配

木瓜牛奶露 1 杯 + 煎鸡蛋 1 个 + 三明治 1 个

原料	做法
木瓜 100 克，牛奶 250 毫升，冰糖适量。	①木瓜洗净，去皮去子，切成块。②木瓜块放入锅内，加适量的水，水没过木瓜即可，大火熬煮至木瓜熟烂。③放入牛奶和冰糖，与木瓜一起调匀，再煮至汤微沸即可。

营养功效：牛奶中含有的催眠物质，有利于解除疲劳，对于产后体虚而导致神经衰弱的妈妈，牛奶的安眠作用更为明显；木瓜有通乳功效，适合哺乳妈妈食用。

银鱼苋菜汤

搭配

银鱼苋菜汤 1 份 + 西红柿炒鸡蛋 1 份 + 米饭 1 碗

原料

银鱼、苋菜各 100 克，蒜末、姜末、盐各适量。

做法

①银鱼洗净、沥干水分；苋菜洗净，切成 3 厘米长的段。
②油锅烧热，将蒜末和姜末爆香后，放入银鱼快速翻炒半分钟，再加入苋菜，炒至微软。
③锅内加入清水，大火煮 5 分钟，出锅前放入盐调味即可。

营养功效：银鱼富含蛋白质、钙、磷，可滋阴补虚。缺磷的宝宝头发比较稀少，颜色发黄，哺乳妈妈多补充含磷的鱼肉，可让宝宝的头发更浓密。

虾皮豆腐

搭配

虾皮豆腐 1 份 + 糖醋里脊 1 份 + 小米粥 1 碗

原料

豆腐 150 克，虾皮 10 克，酱油、盐、白糖、葱花、姜末、水淀粉各适量。

做法

①将豆腐洗净，切成小块，焯一下；将虾皮洗净。
②锅内放入葱花、姜末和虾皮爆香。
③倒入豆腐块，加入酱油、白糖、盐、适量水，烧沸，最后用水淀粉勾芡，出锅盛盘即可。

营养功效：豆腐富含植物蛋白，有利于促进产后妈妈恢复身体，但也不要一次食用过多，以免引起胀气。

失血、失眠、食欲不佳都在消耗产后妈妈的精力，让她们觉得"心有余而力不足"，四肢乏力，提不起精神来。

产后第6天
顺产妈妈这样吃

....

第6天吃什么

1. 增加食物品种的多样性，变换食品的烹饪手法，争取多摄入一些高蛋白、高热量、低脂肪且易于吸收的食物；

2. 产后前几天身体要出很多汗，乳腺分泌也很旺盛，体内容易缺水、缺盐，因此饭菜里放少量盐对产后妈妈是有益处的。

养护关键点

* 温水刷牙

* 注意腰部保暖

* 预防乳腺炎

冰糖五彩玉米羹

搭配

冰糖五彩玉米羹 1 份 + 炒土豆丝 1 份 + 素菜包 1 个

原料

嫩玉米粒 100 克，
鸡蛋 2 个，
豌豆 30 克，
去皮菠萝 50 克，
枸杞 15 克，
冰糖、水淀粉各适量。

做法

① 将嫩玉米粒洗净；菠萝洗净，切丁；豌豆洗净；枸杞洗净。

② 锅中加入适量水，放入玉米粒、菠萝丁、豌豆、枸杞、冰糖，同煮 5 分钟，用水淀粉勾芡，使汁变浓。

③ 将鸡蛋搅碎，撒入锅内成蛋花，烧开后即可食用。

营养功效： 玉米中含有丰富的营养和膳食纤维，可以帮助产后妈妈防治便秘、健脾开胃。

牛肉土豆饼

搭配

牛肉土豆饼 1 份 + 清炒芥蓝 1 份
+ 黑芝麻白饭 1 碗

原料

牛肉末 100 克，
土豆 100 克，
鸡蛋 2 个，
面粉、盐各适量。

做法

① 鸡蛋磕入碗中，打成蛋液，备用。

② 土豆洗净，去皮，放入锅中蒸熟，捣成泥，备用。

③ 牛肉末加入土豆泥、盐，搅拌均匀，做成圆饼状，表面裹层面粉，待用。

④ 锅中放油，烧热，饼裹上蛋液放入锅中，煎至饼全熟，即可。

营养功效：牛肉、土豆能够提供蛋白质、热量，增强产后妈妈的免疫力。

乌鸡糯米粥

搭配

乌鸡糯米粥 1 碗 + 香菇炒木耳 1 份

原料

乌鸡腿 100 克，
糯米 50 克，
葱白丝、盐各适量。

做法

①乌鸡腿洗净，切块，汆水沥干；糯米洗净，浸泡 30 分钟。

②乌鸡腿加水熬汤，大火烧开后转小火煮 15 分钟，加入糯米同煮至糯米软烂。

③关火，下入葱丝、盐并搅匀，盖上锅盖闷 5 分钟即可。

营养功效：乌鸡中铁含量较高，可帮助妈妈补血；糯米味道香甜，食欲不佳的妈妈会喜欢。

剖宫产妈妈之前的关注焦点都在疼痛、伤口、乳汁分泌、情绪等问题上，到了第 6 天，要把吃放在首位了。

剖宫产妈妈这样吃

第 6 天吃什么

1. 可以尝试调整剖宫产术后前几日的饮食安排，增加些肉类、甜品；

2. 尽量少食多餐，粗细搭配，品种多样，以应季果蔬为主。

养护关键点

* 拆线前擦浴
* 拆线后再出院
* 定时查看恶露

红豆黑米粥

搭配

红豆黑米粥 1 碗 + 清炒豆腐 1 份

原料

红豆、黑米、大米各 50 克。

做法

①将红豆、黑米、大米分别洗净后备用。

②将红豆、黑米、大米放入锅中，加入足够量的水，用大火煮开。

③转小火再煮至红豆、黑米、大米熟透后即可。

营养功效：黑米有滋阴补肾、补胃暖肝、明目活血的功效，还可以帮助产后妈妈缓解头晕目眩、贫血等症状。

益母草木耳汤

搭配

益母草木耳汤 1 份 + 甜椒鸡丁 1 份 + 米饭 1 碗

原料

益母草药包 1 个，
枸杞 10 克，
木耳 20 克，
冰糖适量。

做法

①木耳用清水泡发后，去蒂洗净，撕成碎片，备用。
②枸杞洗净，备用。
③锅置火上，放入清水、益母草药包、木耳、枸杞用中火煎煮 30 分钟。
④出锅前取出益母草药包，放入冰糖调味即可。

营养功效： 益母草有生新血、去瘀血的作用；木耳中的植物胶原成分具有较强的吸附作用，是妈妈排除体内毒素的好帮手。

莲子猪肚汤

搭配

莲子猪肚汤 1 份 + 虾皮豆腐 1 份
+ 菠菜煎饼 1 个

原料

熟猪肚丝 150 克，
莲子 30 克，
姜片、
盐各适量。

做法

①莲子用清水浸泡 30 分钟；猪肚丝洗净。
②猪肚丝放入沸水中稍煮片刻。
③加入莲子、姜片同煮，待水再沸，撇去浮沫，转小火继续炖煮至猪肚、莲子熟烂，拣去姜片，加盐调味即可。

营养功效： 猪肚可补脾养胃，莲子有健脾益气的功效，莲子猪肚汤易消化，能帮助妈妈补血气、健脾胃。

恶露颜色已经变浅，伤口逐渐愈合，胃口也有所恢复。另外，多吃催乳食物是妈妈此时的重要任务。

产后第7天
顺产妈妈这样吃

第 7 天吃什么

1. 按照营养均衡、全面的原则进补；

2. 宝宝的食量也有所增加，妈妈摄入足够的水分，能保证乳汁的充足，可在加餐中多喝些汤粥。

西红柿鸡蛋面

搭配

西红柿鸡蛋面 1 份 + 炒木耳 1 份

养护关键点

* 及时补充水分

* 勤换内衣

* 睡觉注意保暖

原料

西红柿 1 个，
鸡蛋 2 个，
面条、盐、
葱花各适量。

做法

①西红柿洗净，去皮，切片。

②将鸡蛋打入碗中，用筷子充分搅拌，使鸡蛋起泡。

③油锅烧热后放入葱花和蛋液，凝成蛋花后盛出。

④将西红柿倒入锅中炒烂，再将蛋花倒入，翻炒几下，加盐搅匀盛出。

⑤将面条煮熟后捞入碗中，浇上适量西红柿鸡蛋卤拌匀即可。

营养功效：西红柿具有生津止渴、健胃消食、补血养血和增进食欲的功效。

三丝黄花羹

搭配

三丝黄花羹 1 份 + 牛肉炒芹菜 1 份 + 米饭 1 碗

原料

干黄花菜 30 克，
鲜香菇 1 朵，
冬笋、胡萝卜各
25 克，
盐、白糖各适量。

做法

①将干黄花菜放入温水中泡软，洗净，沥干水分。

②鲜香菇、冬笋、胡萝卜均洗净，切丝。

③锅内放油烧至七成热，放入黄花菜和冬笋、香菇、胡萝卜三丝快速煸炒。

④加入清水、盐、白糖，用小火煮至黄花菜入味、三丝完全熟透。

营养功效： 丰富的食材会使妈妈的乳汁营养丰富，供给宝宝的营养也会更全面。

鱼肉丝瓜汤

搭配

鱼肉丝瓜汤 1 份 + 香菇肉片 1 份
+ 芝麻烧饼 1 个

原料

鱼肉块、
丝瓜各 200 克，
葱段、姜片、
白糖、盐各适量。

做法

①鱼肉块洗净备用；丝瓜去皮，洗净，切成长条，备用。

②鱼肉块放入锅中，加白糖、姜片、葱段，再放清水，大火煮沸。

③转小火慢炖 10 分钟后，加入丝瓜条。

④煮至鱼肉块、丝瓜熟透后，拣去葱段、姜片，加盐调味即成。

营养功效： 丝瓜具有通经络、行血经的功效；鱼肉含有丰富的蛋白质。此汤两物相配，具有补益身体、生血通乳的作用。

剖宫产妈妈终于可以出院了，对于产后新生活也充满了信心和憧憬，此时对营养的需求格外强烈。

剖宫产妈妈这样吃

第7天吃什么

1. 注意干湿搭配，既保证营养的摄入，又保证水分的充分供给；

2. 尽量少食多餐，粗细搭配，品种多样，以应季为食材主。

养护关键点

* 勿劳累
* 穿大号内裤
* 勿用手揭伤口结痂

早餐

三丁豆腐羹

搭配

三丁豆腐羹 1 份 + 牛奶 1 杯 + 煮鸡蛋 1 个

原料

豆腐 100 克，鸡胸肉、西红柿各 50 克，豌豆、盐、香油各适量。

做法

①豆腐切块，在沸水中煮 1 分钟；鸡胸肉洗净，西红柿洗净、去皮，都切成小丁。

②将豆腐块、鸡肉丁、西红柿丁、洗净的豌豆放入锅中，加水大火煮沸后，转小火煮 20 分钟，出锅时加入盐，淋上香油即可。

营养功效：豆腐中丰富的大豆卵磷脂有益于神经、血管、大脑的发育生长。妈妈吃了，通过分泌乳汁，也可以给宝宝补脑。

西蓝花鹌鹑蛋汤

搭配

西蓝花鹌鹑蛋汤 1 份 + 香油芹菜 1 份
+ 米饭 1 碗

原料

鹌鹑蛋 4 个，
西蓝花 100 克，
西红柿 50 克，
鲜香菇 5 朵，
火腿 50 克，
盐适量。

做法

①西蓝花切小朵，洗净，放入沸水中焯 1 分钟后捞出。

②鹌鹑蛋煮熟剥皮；鲜香菇去蒂洗净；火腿切丁；西红柿洗净，切块。

③锅中放入鲜香菇、火腿丁，加水煮沸，转小火煮 10 分钟，然后放入鹌鹑蛋、西蓝花、西红柿块，煮至食材全熟，加盐调味。

营养功效：鹌鹑蛋有通经活血、益气补血的功效，而且鹌鹑蛋的营养素易于吸收，适合食欲不佳的妈妈食用。

腐竹玉米猪肝粥

搭配

腐竹玉米猪肝粥 1 碗 + 豆腐青菜汤 1 份
+ 肉片炒莴笋 1 份

原料

腐竹 40 克，
大米、玉米粒各 20 克，
猪肝 30 克，
盐、葱末各适量。

做法

①腐竹温水浸泡，切段；大米、玉米粒浸泡 30 分钟。

②猪肝汆烫片刻后切薄片，用盐腌制。

③将腐竹、大米、玉米粒放锅中，加清水，大火煮沸转小火炖 30 分钟；放猪肝，转大火再煮 10 分钟，出锅前放盐，撒上葱末。

营养功效：猪肝中含有的矿物质铁，是人体制造血红蛋白的基本原料；猪肝中含有维生素 B_{12}，是治疗产后贫血的必需营养素。

第二章

产后第 2 周: 补气养血

★妈妈的身体变化

乳房: 泌乳增多, 要注意清洁

阴道: 恶露明显减少

胃肠: 不适应油腻汤水

子宫: 逐渐下降到盆腔中

伤口: 仍有撕裂感

★本周饮食重点: 消水肿, 丰乳汁

✓ 补充优质蛋白质　　　✗ 过多食用燥热的补品、药膳

✓ 循序渐进地催乳　　　✗ 过晚补钙

✓ 补充利于消肿的食物　✗ 食用腌制食物以及使神经系统兴奋的食物

本周推荐的 8 种 益气血食物

鲫鱼 促进产后子宫恢复

恶露的排出与子宫的收缩力密切相关。鱼类，尤其是鲫鱼，富含蛋白质，可以促进产后子宫恢复。而且，鲫鱼还具有催乳作用。

推荐食谱：

• 当归鲫鱼汤（见第 7 页）

• 荷兰豆烧鲫鱼（见第 39 页）

• 通草鲫鱼汤（见第 69 页）

红豆 补血，利水消肿

红豆不仅有补血的作用，还有利水消肿的功效。对妈妈来说，适量食用红豆可以起到预防尿潴留的效果。

推荐食谱：

• 红豆黑米粥（见第 26 页）

• 花生红豆汤（见第 39 页）

• 红豆冬瓜粥（见第 118 页）

核桃 益气补血，提高乳汁质量

核桃仁可促进产后子宫收缩，对改善血行障碍有很大作用。妈妈常吃些核桃，还有利于提高乳汁质量。

推荐食谱：

• 核桃红枣粥（见第 42 页）

• 牛奶核桃粥（见第 90 页）

• 核桃百合粥（见第 145 页）

豆腐 补充钙及优质蛋白质

豆腐富含钙、铁、磷、镁等人体必需的多种矿物质，还含有丰富的优质蛋白质，除了有增加营养、帮助消化、增进食欲的功能外，还有增加血液中铁含量的效果，促进造血功能。

推荐食谱：

- 海带豆腐汤（见第37页）
- 蛤蜊豆腐汤（见第91页）
- 黄花鱼豆腐煲（见第115页）

鸡蛋 改善贫血，提高乳汁质量

鸡蛋中含有的优质蛋白质能够很好地帮助妈妈提高母乳质量。另外，妈妈产后易贫血，鸡蛋中的优质蛋白质和铁有助于预防贫血。

推荐食谱：

- 鸡蛋红枣羹（见第40页）
- 奶酪蛋汤（见第48页）
- 西红柿鸡蛋羹（见第56页）

牛肉 补脾胃，益气血，强筋骨

牛肉可生肌暖胃，适合产后身体虚弱的妈妈补充体力。牛肉还有补气养血的作用，可增强妈妈的免疫力。

推荐食谱：

- 芹菜炒牛肉（见第53页）
- 红烧牛肉面（见第63页）
- 茄子炒牛肉（见第119页）

黄花菜 利尿消肿，催奶泌乳

黄花菜有健胃、通乳、补血的功效，传统观点认为黄花菜有促进泌乳的作用，是坐月子妈妈经常选择的食材。

·推荐食谱：

- 黄花豆腐瘦肉汤（见第15页）
- 黄花菜鲫鱼汤（见第47页）
- 藕拌黄花菜（见第151页）

猪肝 补充铁，防贫血

猪肝含有丰富的铁元素，蛋白质含量也很高，对生产时出血多引起的贫血有食疗作用。另外，还能增加妈妈乳汁中的铁含量，有效预防宝宝贫血。

推荐食谱：

- 白菜炒猪肝（见第49页）
- 香芹炒猪肝（见第87页）
- 猪肝菠菜粥（见第114页）

产后第 8 天的妈妈在情绪上和身体上都会有明显好转，已适应产后的生活规律，体力也在慢慢恢复。

产后第 8 天
顺产妈妈这样吃

• •

第 8 天吃什么

1. 妈妈的乳汁才开始分泌，乳腺管还不够通畅，不宜大量食用催乳食物和油腻食物，以免乳腺增生；

2. 多吃蔬菜和水果，均衡营养，防止便秘。

养护关键点

* 不要睡凉席

* 睡觉勿吹风

* 头发要干净清爽

牛奶银耳小米粥

搭配

牛奶银耳小米粥 1 碗 + 煮鸡蛋 1 个 + 猪肉包 1 个

原料	做法
小米 150 克，牛奶 120 毫升，银耳 1 朵，白糖适量。	①银耳泡发去杂质洗净，撕小朵；小米淘洗干净。②锅中加水，放入小米煮至米熟，撇去浮沫，下入银耳继续煮 20 分钟。③倒入牛奶，待再开锅时加入适量白糖即可。

营养功效：银耳能滋阴清热、安眠健胃，与小米、牛奶同食，不仅能催乳、补钙，还有助于妈妈产后恢复。

羊肉汤

搭配

羊肉汤 1 碗 + 清炒苦瓜 1 份 + 米饭 1 碗

原料

羊肉丁 100 克，
豌豆 20 克，
白萝卜 50 克，
姜片、盐、香菜叶、
醋各适量。

做法

①白萝卜洗净，去皮切成丁；
豌豆洗净，备用。

②将萝卜丁、羊肉丁、豌豆
放入锅内加入适量清水大火
烧开。

③放入姜片改用小火炖至肉
熟烂，加入盐、醋和香菜叶
调味即可。

营养功效： 羊肉暖中补血，开胃健脾，益肺肾，对于妈
妈恢复体力有很好的效果。

海带豆腐汤

搭配

海带豆腐汤 1 碗 + 黄豆芽炒肉 1 份
+ 千层饼 1 块

原料

豆腐 100 克，
水发海带丝 50 克，
盐适量。

做法

①豆腐洗净，切块。

②锅中加清水，放入洗净
的海带丝大火烧沸，然后
转中火煮软。

③放入豆腐块煮熟透，最
后加盐调味。

营养功效： 海带富含膳食纤维和各种维生素，搭配豆
腐做汤可以更好地为妈妈补钙。

剖宫产妈妈已经恢复正常饮食了，开始关心乳汁的情况，但是现在不宜大补特补，最好循序渐进地进补。

剖宫产妈妈这样吃

第 8 天吃什么

1. 以清淡易消化的食物为主，不宜吃油炸、辛辣、燥热的食物；

2. 注意补铁补血，以增强体质，大补元气。

养护关键点

* 注意刀口愈合情况

* 腹部忌用力

* 排便要通畅

早餐

小米桂圆粥

搭配

小米桂圆粥 1 碗 + 鸡蛋 1 个 + 蒸苹果 1 个

原料

小米 100 克，

桂圆 50 克，

枸杞 5 克，

白糖适量。

做法

①枸杞洗净，浸泡 5 分钟；桂圆洗净去壳、去核，留桂圆肉；小米洗净，备用。

②将小米放入锅中，注水后大火煮沸，转小火煮 25 分钟。

③将桂圆肉放入锅中，煮沸，再放入枸杞，最后放入少许白糖，搅拌均匀，即可。

营养功效：桂圆有助于补气养神，小米易消化，适合产后食用。

荷兰豆烧鲫鱼

搭配

荷兰豆烧鲫鱼1份 + 虾仁西蓝花1份
+ 小米饭1碗

原料

荷兰豆30克，
鲫鱼1条，
黄酒、酱油、
白糖、姜片、
葱段、盐各适量。

做法

①将收拾好的鲫鱼洗净；荷兰豆择去两端及筋，切块，备用。

②锅中放入适量油，烧热后，爆香姜片和葱段，将鲫鱼放入锅中煎至两面金黄。

③加入黄酒、酱油、白糖、荷兰豆和适量的水，将鲫鱼烧熟，最后用盐调味即可。

营养功效：鲫鱼有健脾利湿、和中开胃、活血通络的功效，对产后妈妈有很好的滋补食疗作用。

花生红豆汤

搭配

花生红豆汤1份 + 炒猪肝1份 + 花卷1个

原料

红豆、花生仁各30克，
糖桂花适量。

做法

①将红豆与花生仁清洗干净，并用清水泡2小时。

②将泡好的红豆与花生仁连同清水一并放入锅内，开大火煮沸。

③煮沸后改用小火煲1小时。

④出锅时将糖桂花放入即可。

营养功效：剖宫产时的失血可能会使妈妈有贫血的现象，红豆有很好的补血作用。

顺产妈妈的身体仍然处于恢复阶段，应重点关注子宫的恢复和恶露不尽的预防。

产后第9天
顺产妈妈这样吃

· · · · · · · · · · · · · · · · ·

第9天吃什么

1. 多吃一些高蛋白质和补虚的食物；

2. 豆浆中的铁质易被人体吸收，可以帮助妈妈预防缺铁性贫血。

鸡蛋红枣羹

搭配

鸡蛋红枣羹1份 + 牛奶馒头1个 + 豆浆1杯

原料	做法
鸡蛋2个，红枣6颗，醋适量。	①红枣洗净，去核；鸡蛋打入碗中，加入适量清水搅拌均匀。②蛋液中加醋混合均匀，放入红枣上锅隔水蒸20分钟即可。

养护关键点

* 不宜久坐

* 每天保证8小时睡眠

* 勿长时间用眼

营养功效：鸡蛋红枣羹醇香味浓，具有补气养血、收敛固涩的功效，适用于产后气虚、恶露不净的妈妈。

木瓜煲牛肉

搭配

木瓜煲牛肉1份 + 上汤娃娃菜1份 + 米饭1碗

原料

木瓜20克，
牛肉100克，
盐适量。

做法

①木瓜剖开，去皮去子，切成小块。

②牛肉洗净，切成小块，再放入沸水中除去血水，捞出。

③将木瓜、牛肉放入锅中加水用大火烧沸，再用小火炖至牛肉烂熟后，加盐调味即可。

营养功效：木瓜具有补虚、通乳的功效，可以帮助产后妈妈分泌乳汁。

猪蹄茭白汤

搭配

猪蹄茭白汤1份 + 白菜肉片1份 + 二米饭1碗

原料

猪蹄块150克，
茭白100克，
葱段、姜片、
盐各适量。

做法

①茭白洗净，削皮，切成片；猪蹄块余烫后洗干净。

②将猪蹄块与葱段、姜片一同放入清水锅内，大火煮沸。

③煮沸后撇去汤中的浮沫，改用小火将猪蹄炖至熟烂。

④放入茭白片，再煮5分钟，加入盐调味即可。

营养功效：猪蹄和茭白都是中国传统的下奶食物。二者搭配在一起作为哺乳妈妈的下奶汤，味道鲜美，营养也更加均衡合理。

身体的恢复不是一朝一夕的事，且过程不易，剖宫产妈妈要注意调节情绪，不要着急，慢慢调养，会好起来的。

剖宫产妈妈这样吃

第9天吃什么

1. 多吃一些有助于排出瘀血、增强免疫力的食物；

2. 催乳的同时，也不要忘了补血，可以吃一些通乳、补血的食物；

3. 桂圆一次不能吃太多，否则容易上火，还会通过母乳引起宝宝肠胃不适。

养护关键点

* 有气就排

* 避免腹胀

* 勿食寒凉食物

早餐

核桃红枣粥

搭配

核桃红枣粥 1 碗 + 豆沙包 1 个 + 芒果 1 个

原料

核桃仁 20 克，
红枣 5 颗，
大米 30 克，
冰糖适量。

做法

①将大米洗净；红枣洗净去核；核桃仁洗净。

②将大米、红枣、核桃仁放入锅中，加适量清水，用大火烧沸后改用小火，等大米成粥后，加入冰糖搅匀即可。

营养功效：核桃含 B 族维生素、身体所需脂肪酸等成分，能通经脉、黑须发。此粥具有滋阴润肺、补脑益智、润肠通便的功效。

海带焖饭

搭配

海带焖饭 1 碗 + 青椒肉丝 1 份
+ 西红柿蛋汤 1 份

原料

大米 100 克，
水发海带 30 克，
盐适量。

做法

①将大米淘洗干净；海带洗净泥沙，切成小块。

②锅中放入大米和适量水，用大火烧沸后放入海带块，不断翻搅，烧煮 10 分钟左右，待米粒涨开，水快干时，加盐调味。

③最后盖上锅盖，用小火焖 10~15 分钟即可。

营养功效：海带含有丰富的钙、膳食纤维和碘，为妈妈提供必需的矿物质。

莴笋肉粥

搭配

莴笋肉粥 1 份 + 西红柿炒菜花 1 份
+ 千层饼 1 块

原料

莴笋 20 克，
猪肉 50 克，
大米 30 克，
盐、酱油、
香油各适量。

做法

①将莴笋洗净去皮，切丝；猪肉洗净切末，加酱油和少许盐腌 10~15 分钟。

②将大米淘洗干净后加清水放入锅中煮沸。

③加莴笋丝和猪肉末，用小火煮至熟透，加盐、香油调味即可。

营养功效：莴笋高钾低钠，还含有丰富的钙、铁、胡萝卜素等营养素，利尿、通乳。

让宝宝吃饱是妈妈此时最关注的问题，愉快的心情、规律的生活、健康的饮食都有利于乳汁分泌。

产后第 10 天
哺乳妈妈这样吃

●●●●●●●●●●●●●●●●●

第 10 天吃什么

1. 多吃一些催乳的食物，如银耳、鲜贝、虾仁等；

2. 哺乳妈妈若食用辛辣燥热的食物，可能会经由乳汁传给宝宝，使宝宝内热加重，容易引起宝宝上火、便秘等问题。

养护关键点

* 睡眠充足

* 补充营养

* 保护好乳房和乳头

早餐

黄花菜粥

搭配

黄花菜粥 1 碗 + 豆沙包 1 个 + 苹果 1 个

原料

干黄花菜 20 克，糯米 30 克，猪肉末、盐、香油各适量。

做法

①将干黄花菜洗净泡发，用沸水煮透捞起切段；糯米淘洗干净，备用。

②将糯米放入清水锅中烧开，转小火熬煮，待米粒煮开花时放入猪瘦肉末、黄花菜段。

③最后放入盐调味，淋上香油即可。

营养功效：黄花菜粥能改善妈妈肝血亏虚所致的健忘失眠、头晕目眩、小便不利、水肿、乳汁分泌不足等症状，能够帮妈妈更好地恢复健康，为哺育宝宝做好准备。

三丝木耳

搭配
三丝木耳 1 份 + 鸡汤 1 份 + 米饭 1 碗

原料
木耳丝 30 克，
猪肉丝、
彩椒丝各 100 克，
葱末、盐、酱油、
淀粉各适量。

做法
①猪肉丝加酱油、淀粉腌 15 分钟。
②葱末炝锅，放入猪肉丝快速翻炒，再将木耳丝、彩椒丝一同放入炒熟，出锅前加盐调味即可。

营养功效：猪肉和鸡肉都是高蛋白食物，且吸收率很高。蛋白质是乳汁的重要成分，这道菜有补虚增乳的作用。

明虾炖豆腐

搭配
明虾炖豆腐 1 份 + 馒头 1 个 + 炒青菜 1 份

原料
虾、豆腐各 100 克，
葱花、姜片、
盐各适量。

做法
①将虾去虾线去壳，取出虾肉，洗净；豆腐洗净，切成小块。
②锅内放水煮沸，将虾肉和豆腐块放入余烫一下，盛出备用。
③锅中放入清水，加入虾肉、豆腐块和姜片，煮沸后转小火炖至虾肉熟透，最后放入盐调味，撒上葱花即可。

营养功效：虾营养丰富，肉质松软，易消化，对产后身体虚弱的妈妈是很好的进补食物。虾的通乳作用较强，对产后乳汁分泌不畅的妈妈尤为适宜。

此时应以身体恢复为主，保持均衡的营养可使气血充足。若妈妈患有比较严重的慢性病，则不太适合进行哺乳。

非哺乳妈妈这样吃

第 10 天吃什么

瘦肉、鸡蛋、牛奶、鱼类、蔬菜都要吃一些，保证饮食平衡，这样既利于身体的健康，也利于瘦身养颜。

养护关键点

* 保持心情舒畅

* 定时开窗通风

* 保证营养

牛蒡粥

搭配

牛蒡粥 1 碗 + 煮鸡蛋 1 个 + 桃 1 个

原料

干牛蒡片 5 克，
猪瘦肉 30 克，
大米 100 克，
盐适量。

做法

①干牛蒡片洗净；猪瘦肉洗净，切条；大米洗净，浸泡。

②锅置火上，放入大米和适量清水，大火烧沸后改小火，放入牛蒡片和猪瘦肉条，小火熬煮 40 分钟。

③待粥黏稠时，加盐即可。

营养功效：猪肉能提供优质蛋白质和必需的脂肪酸，可以改善缺铁性贫血的症状，搭配牛蒡有助于滋补强身。

萝卜排骨汤

搭配

萝卜排骨汤 1 份 + 虾仁丝瓜 1 份 + 米饭 1 碗

原料

猪脊骨 250 克，
白萝卜 100 克，
姜片、葱花、
盐各适量。

做法

①猪脊骨洗净，剁小块，汆
3~5 分钟，捞出洗净。

②把猪脊骨再次放入空锅
中，放入姜片，加水没过猪
脊骨，大火煮沸，2 分钟后
改小火慢炖。

③白萝卜洗净，切块，放入
已经炖成白色的汤中，大火
煮沸后改中火，炖熟后放入
葱花、盐即可。

营养功效：白萝卜具有温胃消食、滋阴润燥的功效，有
助于妈妈调理身体。

黄花菜鲫鱼汤

搭配

黄花菜鲫鱼汤 1 份 + 拍黄瓜 1 份 + 花卷 1 个

原料

鲫鱼 1 条，
干黄花菜 15 克，
盐、姜片各适量。

做法

①收拾干净的鲫鱼用姜和
盐稍微腌制片刻。

②黄花菜用温水泡开，用
凉水冲洗；鲫鱼用水冲
洗，除去姜片。

③将鲫鱼放入油锅中煎
至两面发黄，倒入适量开
水，放姜片、黄花菜，大
火稍煮。

④放入盐，用小火炖至黄
花菜熟透即可。

营养功效：此汤有养气益血、补虚通乳的作用，是帮助
哺乳妈妈分泌乳汁、清火解毒的佳品。

为了保证宝宝的骨骼发育良好，妈妈要通过乳汁为宝宝供给足够的钙，不摄入足量的钙怎么行？

产后第 11 天
哺乳妈妈这样吃

第 11 天吃什么

1. 避免吃一些辛辣的食物，如大蒜、辣椒、茴香等，保护尚虚弱的脾胃；

2. 乳汁中大部分都是水，因此，妈妈每天要补充足量的水分。喝汤是很好的既补充营养又补充水分的办法。

养护关键点

* 多喝水

* 适当晒晒太阳

* 防止感冒

早餐

奶酪蛋汤

搭配

奶酪蛋汤 1 份 + 面包 2 片 + 苹果 1 个

原料

奶酪 20 克，
鸡蛋 1 个，
西芹 100 克，
胡萝卜 50 克，
高汤、面粉、
盐各适量。

做法

① 西芹、胡萝卜洗净，切小丁。

② 奶酪与鸡蛋一同打散，放适量面粉。

③ 锅内倒入高汤烧开，加盐，淋入奶酪蛋液。

④ 锅烧开后，撒西芹丁、胡萝卜丁，稍煮片刻即可。

营养功效：西式蛋汤加入奶酪后，不仅钙含量增加，而且口味浓郁。

鸡丁炒豌豆

搭配

鸡丁炒豌豆 1 份 + 红豆排骨汤 1 份 + 米饭 1 碗

原料

鸡肉 200 克，
胡萝卜丁、
豌豆各 30 克，
盐、酱油、
淀粉各适量。

做法

①豌豆洗净；鸡肉洗净，切丁，拌上酱油、淀粉腌 10 分钟。

②油锅烧热，放入鸡丁翻炒，再放入豌豆粒、胡萝卜丁略炒一会儿，加适量水，烧至豌豆绵软，加盐调味即可。

营养功效：豌豆不仅有催乳、滋养皮肤的功效，适当食用还对心血管十分有益。鸡肉含有优质蛋白质和 B 族维生素，非常适合产后滋补身体。

白菜炒猪肝

搭配

白菜炒猪肝 1 份 + 花卷 1 个

原料

白菜 250 克，
猪肝 100 克，
葱段、姜丝、
酱油、料酒、
白糖、盐各适量。

做法

①白菜洗净，切段；猪肝去筋膜，洗净切片。

②锅中加油烧热，放入葱段、姜丝爆香，放入猪肝片、酱油，翻炒均匀，再放入少许白糖、料酒、盐，炒至猪肝入味。

③放入白菜片，翻炒至入味，即可。

营养功效：猪肝中的铁有助补气血，白菜中维生素 C 含量丰富，有助增强抵抗力。

进补要格外用心和注意，避免补得太过，容易引起内热。此时，还可适当增加有助回乳的食物。

非哺乳妈妈这样吃

第 11 天吃什么

非哺乳妈妈的回乳食谱应多样化。为了帮助非哺乳妈妈回乳，可以多吃一些麦芽粥之类的食物。麦芽粥里可以增加一些有营养的食材，比如杏仁、核桃、牛奶等，让回乳食谱多样化，促进妈妈的食欲，帮助身体恢复。

养护关键点

* 居室要清洁

* 饭后漱口

* 补充体力

早餐

麦芽粥

搭配
麦芽粥 1 碗 + 煮鸡蛋 1 个

原料
大米 50 克，
生麦芽、炒麦芽各 60 克，
红糖适量。

做法
①大米洗净，用清水浸泡 30 分钟。
②将生麦芽与炒麦芽一同放入锅内，加清水大火煎煮。
③将大米放入锅中与麦芽一起煮。
④煮到大米完全熟时，加入红糖即可。

营养功效：麦芽中所含麦角类化合物有抑制催乳素分泌的作用。此粥有助回乳，适于产后需要回乳的妈妈食用。

红枣香菇炖鸡

搭配

红枣香菇炖鸡 1 份 + 清炒黄瓜一份 + 米饭 1 碗

原料

去蒂鲜香菇 3 朵，
鸡肉 150 克，
红枣 6 颗，
姜片、盐各适量。

做法

①香菇洗净，切花刀；红枣洗净，备用。

②把鸡肉洗净，切块。

③将鸡肉、香菇、红枣放入锅中，加入姜片和适量水，小火慢炖。

④待鸡肉烂熟，放入盐调味即可。

营养功效：香菇富含维生素，鸡汤帮助妈妈补充水分，红枣能补血。

西米猕猴桃粥

搭配

西米猕猴桃粥 1 碗 + 茭白炒肉 1 份 + 馒头 1 个

原料

西米 50 克，
猕猴桃 100 克，
白糖适量。

做法

①西米淘洗干净，用冷水泡软后捞出，沥干水分。

②猕猴桃冲洗干净，去皮取果肉，切块。

③取锅加入约 500 毫升冷水，放入西米，先用大火烧沸，再改用小火煮半小时。

④加入猕猴桃块，再煮 15 分钟，加入白糖即可。

营养功效：西米白净滑糯，营养丰富，做成粥后口感爽滑，能够帮助妈妈提升食欲。

宝宝食量日益增加，妈妈需要输出大量的热量和营养，这时应注意多补充优质蛋白质。

产后第 12 天
哺乳妈妈这样吃

· · · · · · · · · · · · · · · · · · · ·

第 12 天吃什么

1.吃通乳补血的食物，黄花菜、牛肉、豆浆、红枣等都是不错的选择；

2.吃一些安神助眠的食物，如山药、小米、荔枝等；

3.不要吃麦芽等回乳食物，以免影响宝宝的营养。

养护关键点

＊ 热水泡脚

＊ 适当活动

＊ 适当忌口

枸杞鲜鸡汤

搭配

枸杞鲜鸡汤 1 份 + 海带丝 1 份 + 花卷 1 个

原料

公鸡 1 只，

枸杞 15 克，

红枣 3 颗，

姜片、盐各适量。

做法

①处理好的公鸡洗净，去除臀尖，切小块；红枣、枸杞分别洗净。

②油锅烧热，放入姜片爆香，下入鸡块翻炒。

③加入适量清水、枸杞、红枣，小火慢炖至鸡肉熟烂，加盐调味即可。

营养功效：枸杞有滋阴润燥的功效，公鸡能促进乳汁分泌，这道鸡汤是妈妈产后恢复、催乳的不错选择。

芹菜炒牛肉

搭配

芹菜炒牛肉1份 + 菠菜蛋花汤1份 + 米饭1碗

原料

牛肉150克，
芹菜200克，
葱丝、姜末、
淀粉、料酒、白糖、
酱油、盐各适量。

做法

①牛肉洗净，切丝，加入盐、料酒、酱油、淀粉、少许白糖、清水，拌匀，略腌。

②芹菜洗净，去叶，切段。

③锅中放油，倒入葱丝、姜末煸香，放入腌制好的牛肉丝和芹菜段，炒匀，加水，放少许白糖、盐调味。

营养功效：牛肉中的蛋白质含量很高，且较易被人体吸收，与芹菜搭配能补气健脾、强筋壮骨。

菠菜鲤鱼汤

搭配

菠菜鲤鱼汤1份 + 香菇炒肉片1份 + 馒头1个

原料

鲤鱼1条，
菠菜100克，
盐适量。

做法

①菠菜洗净，切段；收拾好的鲤鱼洗净沥干（如鱼的个头过大，可切开）。

②锅中放鲤鱼、菠菜段及适量水，大火煮沸，撇去浮沫，转小火继续炖煮20分钟。

③出锅前加盐调味即可。

营养功效：鲤鱼蛋白质含量高，且有健脾开胃、消水肿、利小便、通乳的功效，是妈妈坐月子中非常不错的进补食材。

非哺乳妈妈在忙于回乳的同时，也要适当进补，毕竟经过那么漫长的产程，身体的恢复也不是一蹴而就的事情。

非哺乳妈妈这样吃

第 12 天吃什么

1. 选择低脂、低热量，但是滋补功能强的食物作为有益的补充；

2. 女性每日需要摄入蛋白质 65～75 克，要注意动物蛋白与植物蛋白补充搭配。

养护关键点

* 避免回奶过急
* 热敷缓解乳房胀痛
* 多休息

早餐
紫菜包饭

搭配
紫菜包饭 5 个 + 蛋花汤 1 碗

原料

米饭 150 克，
鸡蛋 1 个，
紫菜、黄瓜、
沙拉酱、火腿各适量。

做法

①黄瓜洗净，去皮，切条备用；火腿切成条。

②鸡蛋打散摊成饼，切丝。

③将米饭平铺在紫菜上，再摆上黄瓜条、鸡蛋丝、火腿条，刷上沙拉酱，卷起，切厚片。

营养功效：紫菜富含钙、铁、碘和胆碱，能增强记忆力、改善妈妈贫血状况，是妈妈恢复、滋补身体的佳品。

红豆花生乳鸽汤

搭配

红豆花生乳鸽汤 1 份 + 西葫芦炒鸡蛋 1 份
+ 米饭 1 碗

原料

乳鸽 1 只，
红豆、花生、
桂圆肉各 30 克，
盐适量。

做法

①乳鸽收拾干净，斩块，在沸水中余烫一下，去血水，捞出，备用。

②砂锅中注入清水，烧开后放入乳鸽块、红豆、花生、桂圆肉，大火煮沸，转小火煲至食材熟烂，加盐调味即可。

营养功效：鸽子味咸性平，入肝、肺、肾经，有滋阴益气、祛风解毒、补血养颜等功效，尤其适宜产后非哺乳妈妈调理身体。

海参木耳小豆腐

搭配

海参木耳小豆腐 1 份 + 蚝油菜花 1 份

原料

泡发海参、豆腐各 50 克，
干木耳 10 克，
芦笋、胡萝卜、
葱末、姜末、黄瓜、
盐、水淀粉各适量。

做法

①海参去肠洗净余烫；胡萝卜、芦笋、豆腐分别洗净切丁；木耳泡发后切碎；黄瓜洗净，切片。

②芦笋丁焯熟捞出。

③油锅烧热，爆香葱末、姜末，放入胡萝卜丁、海参和木耳，加入适量水。

④烧沸后倒入豆腐丁、芦笋丁、黄瓜片，加盐调味，最后用水淀粉勾芡即可。

营养功效：海参是典型的高蛋白、低脂肪、低胆固醇食物，矿物质钒的含量居各种食物之首，可参与血液中铁的输送，增强造血功能，改善产后妈妈的贫血症状。

此时妈妈已适应产后的生活规律，体力也在慢慢恢复，随着宝宝食量的增长，妈妈迫切需要增加营养。

产后第 13 天
哺乳妈妈这样吃

● ●

第 13 天吃什么

哺乳妈妈需增加营养，但也不要吃太多的营养补品，最好通过日常饮食来达到营养均衡。

养护关键点

* 宜用淋浴

* 慎食辛辣食物

* 连汤带肉一起食用

西红柿鸡蛋羹

搭配

西红柿鸡蛋羹 1 份 + 花卷 1 个 + 牛奶 1 杯

原料

鸡蛋 2 个，
西红柿 1 个，
葱花、盐、
酱油、香油各适量。

做法

① 西红柿顶部切十字花刀，用沸水烫一下，去皮，切成丁。

② 将鸡蛋打散，加盐搅拌，再加入适量温水和西红柿丁拌匀。

③ 放在锅上，用中火隔水蒸，取出时，撒上葱花。

④ 香油浇在蛋羹上即可。

营养功效：西红柿含有多种维生素及矿物质等营养成分，西红柿鸡蛋羹是不错的哺乳食品。

清蒸鲈鱼

搭配

清蒸鲈鱼 1 份 + 海米油菜心 1 份 + 米饭 1 碗

原料

鲈鱼 1 条，
姜丝、葱丝、
盐、酱油各适量。

做法

①将收拾干净的鲈鱼洗净，
擦干鲈鱼身上的水分，鱼身
两侧划花刀，放入蒸盘中。

②将姜丝、葱丝放在鱼身上，
加入盐、酱油。

③大火烧开蒸锅中的水，放
入鱼盘蒸 8~10 分钟，鱼熟
后立即取出即可。

营养功效：鲈鱼富含蛋白质和多种矿物质，不仅有很
好的补益作用，催乳效果也不错。

炒红薯泥

搭配

炒红薯泥 1 份 + 核桃仁爆鸡丁 1 份 + 烧饼 1 个

原料

红薯 300 克，
白糖适量。

做法

①红薯洗净，上锅蒸熟后，
趁热去皮，捣成薯泥，加
白糖调味。

②油锅烧热，倒入红薯泥，
快速翻炒，不停地晃动炒
锅，防止红薯泥粘锅。

③待红薯泥炒至变色即可。

营养功效：红薯可益气通乳、润肠通便，是妈妈产后恢
复、催乳的不错食材。

非哺乳妈妈此时会更关注美容、瘦身等，但也不要忘了补充营养，养好身体，健健康康的妈妈才会更美丽。

非哺乳妈妈这样吃

第13天吃什么

蔬菜、水果富含多种维生素、矿物质和膳食纤维，可促进糖分、蛋白质的吸收利用，也可促进胃肠道功能的恢复，帮助妈妈达到营养均衡的同时也可以预防便秘。

养护关键点

* 边回乳边进补
* 注意保护眼睛
* 药补不如食补

早餐

奶香麦片粥

搭配

奶香麦片粥 1 碗 + 凉拌菜 1 份 + 煮鸡蛋 1 个

原料	做法
大米 30 克，牛奶 250 毫升，麦片、高汤、白糖各适量。	①将大米洗净，加入适量水浸泡 30 分钟后捞出，控水。 ②在锅中加入高汤，放入大米，大火煮沸后转小火煮至米粒软烂黏稠。 ③加入牛奶，煮沸后加入麦片、白糖，拌匀，盛入碗中即可。

营养功效：麦片中的膳食纤维搭配牛奶中的蛋白质，在为妈妈提供能量的同时还能预防便秘。

韭菜炒虾仁

搭配

韭菜炒虾仁 1 份 + 油菜蘑菇汤 1 份 + 米饭 1 碗

原料

韭菜 150 克，
虾仁 100 克，
葱丝、盐、
高汤、
香油各适量。

做法

①韭菜洗净切段；虾仁洗净。
②油锅烧热，下葱丝炝锅，放入虾仁煸炒，放盐、高汤稍炒。
③放入韭菜翻炒，淋入香油即可。

营养功效：韭菜中含有大量的维生素和膳食纤维，能促进胃肠蠕动，刺激食欲，让非哺乳妈妈拥有好胃口。

山药羊肉奶汤

搭配

山药羊肉奶汤 1 份 + 香菇油菜 1 份 + 馒头 1 个

原料

羊肉 100 克，
牛奶 250 毫升，
山药 30 克，
姜片、盐各适量。

做法

①将羊肉洗净，切成块；山药洗净，去皮，切成片，备用。
②将羊肉和姜片放入砂锅中，加适量清水和盐，用小火炖熟。
③放入山药和牛奶，待山药煮熟即可。

营养功效：羊肉含丰富的蛋白质和多种营养物质，搭配山药、牛奶，健脾补气。

此时饮食还是以增强营养、增加乳汁分泌为主，仍然有水肿症状的妈妈，可以通过饮食来消肿。

产后第 14 天
哺乳妈妈这样吃

第 14 天吃什么

1. 多食用一些富含矿物质的食物，以达到滋补强身的功效；

2. 食材的品种应尽量丰富多样，这样营养才能均衡、全面。

哺乳关键点

* 勿使乳房受压

* 摄入适量水分

* 别用豆浆代替牛奶

红枣银耳粥

搭配

红枣银耳粥 1 碗 + 炝炒圆白菜 1 份 + 煮鸡蛋 1 个

原料	做法
大米 50 克，干银耳 15 克，红枣 8 颗，冰糖适量。	①大米淘洗干净，浸泡 30 分钟；干银耳用温水泡发；红枣洗净，去核，备用。②在锅中放入清水，加入大米煮沸，将红枣和银耳一同放入锅中用大火烧沸。③改用小火，加入适量冰糖，煮开即可。

营养功效：银耳含有蛋白质、碳水化合物、膳食纤维等物质，其含有的银耳多糖可以增强产后妈妈的免疫功能，提高对外界致病因子的抵抗力。

肉末炒菠菜

猪血豆腐汤

搭配

肉末炒菠菜 1 份 + 木耳炒白菜 1 份 + 米饭 1 碗

搭配

猪血豆腐汤 1 份 + 虾仁炒西葫芦 1 份 + 千层饼 1 块

原料

猪瘦肉 50 克，
菠菜 200 克，
盐、白糖、香油、
水淀粉各适量。

做法

①猪瘦肉剁成末；菠菜洗净切段。

②水烧沸后放入菠菜段焯至八成熟，捞起沥干水分。

③将猪瘦肉末用小火翻炒，再加入菠菜段炒匀，放盐和少许白糖调味。

④用水淀粉勾芡，淋上香油。

原料

猪血 100 克，
豆腐 50 克，
香菜叶、盐各适量。

做法

①猪血、豆腐洗净后切条状，放入开水中焯一下。

②油锅烧热，将猪血、豆腐放入锅中翻炒，倒入适量清水，加盐调味。

③大火煮开后撒上香菜叶即可。

营养功效： 菠菜含有丰富的铁质和胡萝卜素，能增强抵抗传染病的能力；猪肉能够为哺乳妈妈提供血红素铁和促进铁吸收的半胱氨酸，改善缺铁性贫血。

营养功效： 豆腐可以为哺乳妈妈提供钙质，强化骨质；猪血是补血佳品。

恢复元气不是一朝一夕的事，非哺乳妈妈每天一定要按时定量进餐，补充全面的营养。

非哺乳妈妈这样吃

· ·

第 14 天吃什么

蔬菜、水果、肉类、谷物等含有人体需要的维生素、矿物质、蛋白质、碳水化合物、脂肪、水分等多种营养成分。在一日三餐中进行食材的搭配，不仅能丰富饮食种类还能达到营养互补的目的。

非哺乳关键点

＊ 睡前吃香蕉助眠

＊ 注意调节情绪

＊ 适当运动

早餐

薏米南瓜粥

搭配

薏米南瓜粥 1 份 + 熟鹌鹑蛋 3 个 + 馒头 1 个

原料

薏米 20 克，
南瓜 100 克，
洋葱、奶油、
盐各适量。

做法

①洗净泡软后的薏米放入锅中煮熟；南瓜、洋葱都切成丁，备用。

②将奶油放入锅中融化，加入洋葱丁炒香，放入南瓜丁，加水煮透。

③将洋葱丁、南瓜丁倒入煮薏米的锅中，小火煮约 3 分钟，加盐调味即可。

营养功效：薏米含有多种维生素和矿物质，有促进非哺乳妈妈的新陈代谢，减少妈妈胃肠负担的作用，还能增强免疫力，让产后妈妈快速恢复身体。

冬瓜海带排骨汤

搭配

冬瓜海带排骨汤 1 份 + 百合炒肉 1 份
+ 米饭 1 碗

原料

猪排骨块 200 克，
冬瓜 100 克，
海带、香菜碎、
姜片、盐各适量。

做法

①海带先用清水洗净泡软，切成丝；冬瓜洗净，连皮切成大块。

②将排骨块放入烧开的水中氽一下，捞起洗净。

③将排骨、海带、冬瓜、姜片一起放进锅里，加适量清水，用大火烧开 15 分钟后，用小火煲熟。

④快起锅的时候，加盐调味，撒上香菜碎即可。

营养功效： 冬瓜有利尿消肿、减肥、清热解暑的功效；海带含有丰富的钙，还有降血压的作用；排骨含有大量磷酸钙、骨胶原、骨黏蛋白等，可为产后妈妈提供钙质。

红烧牛肉面

搭配

红烧牛肉面 1 份 + 醋熘土豆丝 1 份 + 香蕉 1 根

原料

牛肉 50 克，
面条 100 克，
葱花、葱段、
酱油、盐各适量。

做法

①葱段、酱油、盐放入沸水中，大火煮 4 分钟，制成汤汁。

②牛肉放入汤汁中煮熟，取出凉凉切块。

③面条放汤汁中，大火煮熟，盛碗中，放牛肉块，撒上葱花即可。

营养功效： 红烧牛肉面易于消化吸收，可以改善产后妈妈贫血症状，有增强免疫力、均衡吸收营养等功效。

第三章

产后第 3 周: 缓慢进补

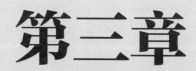

★妈妈的身体变化

乳房: 乳汁增多

胃肠: 食欲增强

子宫: 回复到骨盆内

伤口及疼痛: 明显好转

排泄: 轻微腹泻莫担心

★本周饮食重点: 补血安神, 益气养肾

✓ 适当加强进补　　✘ 只吃一种主食

✓ 催乳为主, 补血为辅　　✘ 食用易过敏食物

✓ 按时定量进餐　　✘ 食用生冷食物

本周推荐的8种
养元气食物

猪蹄 催乳佳品，美容养颜

猪蹄是传统的产后催乳佳品；另外，猪蹄含有丰富的胶原蛋白，可促进皮肤细胞吸收和贮存水分，防止皮肤干瘪起皱，使皮肤细润饱满。

推荐食谱：

- 猪蹄茭白汤（见第 41 页）
- 海带黄豆猪蹄汤（见第 73 页）
- 猪蹄粥（见第 139 页）

羊肉 益气补虚，增温祛寒

羊肉可益气补虚、温中暖下、壮筋骨、厚胃肠，主要用于缓解疲劳体虚、腰膝酸软、产后虚冷、腹痛等症状。产后吃羊肉可促进血液循环，增温祛寒。

推荐食谱：

- 羊肉汤（见第 37 页）
- 山药羊肉奶汤（见第 59 页）
- 山药羊肉羹（见第 81 页）

鲤鱼 利水消肿，通乳明目

鲤鱼可补脾健胃、利水消肿、通乳明目，对产后水肿、腹胀、少尿、乳汁不通皆有益。

推荐食谱：

- 菠菜鲤鱼汤（见第 53 页）
- 豆腐鲤鱼汤（见第 77 页）
- 鱼丸苋菜汤（见第 156 页）

鸡肉 健脾胃，活血脉

鸡肉的蛋白质含量较高，且易被人体吸收利用；另外，鸡肉含多种营养元素，对营养不良、畏寒怕冷、乏力疲劳、贫血、虚弱等症，有很好的食疗作用。

推荐食谱：

• 麦芽鸡汤（见第 79 页）

• 香菇鸡汤面（见第 83 页）

•笋鸡丝汤（见第 111 页）

猪血 补血，缓解疲劳

猪血中的铁元素含量丰富，能有效帮助产妇补血；此外，猪血还具有缓解疲劳、改善睡眠、提升记忆力等作用。

推荐食谱：

• 猪血豆腐汤（见第 61 页）

• 菠菜猪血汤（见第 93 页）

• 木耳猪血汤（见第 125 页）

板栗 强身健体，提高免疫力

板栗含有丰富的碳水化合物、维生素和各种微量元素，具有补充能量、健脑益智的作用。此外，板栗还可滋阴补血，对于经历过生产的妈妈们有很好的调理效果。

推荐食谱：

• 红枣板栗粥（见第 72 页）

• 板栗烧仔鸡（见第 85 页）

• 菠菜板栗鸡汤（见第 135 页）

莲藕 益血生肌，健脾开胃

莲藕能健脾开胃、生津止渴、益血生肌，对产后恶露不净、伤口久不愈合的妈妈有较好的保健作用。妈妈常吃莲藕，也可以补充铁质。

推荐食谱：

• 藕圆子（见第 79 页）

• 莲藕瘦肉麦片粥（见第 80 页）

• 莲藕排骨汤（见第 93 页）

虾 富含优质蛋白质，增强抵抗力

虾富含优质蛋白质，能提高产妇免疫力，帮助增强抵抗力；另外，虾肉鲜美，有利于产妇改善胃口，增进食欲。

推荐食谱：

• 明虾炖豆腐（见第 45 页）

• 玉米香菇虾肉饺（见第 75 页）

• 鲜虾粥（见第 92 页）

妈妈身上的不适感在减轻，此时全部的心思都放在喂养宝宝上，促进乳汁分泌还是重中之重，且要避免发生产后贫血。

产后第 15 天
哺乳妈妈这样吃

第15天吃什么

1.哺乳妈妈可适当用通草、王不留行等中草药进行调理，以促进乳汁分泌；

2.哺乳妈妈要避免吃寒凉的食物，以免引起身体不适，影响乳汁分泌。

养护关键点

＊ 着手催乳

＊ 补充铁、钙

＊ 不挑食

早餐

西红柿面疙瘩

搭配

西红柿面疙瘩 1 碗 + 拌海带丝 1 份 + 煮鸡蛋 1 个

原料

面粉 100 克，
西红柿 1 个，
鸡蛋 2 个，
盐适量。

做法

①面粉中边加水边用筷子搅拌成絮状，静置 10 分钟；鸡蛋打散；西红柿洗净，切小块。

②锅中放油，倒入鸡蛋液炒散，加入适量水，煮开时倒入西红柿块。

③再将面絮慢慢倒入西红柿鸡蛋汤中煮 3 分钟后，放盐即可。

营养功效：西红柿含有丰富的维生素 C 和铁，鸡蛋中蛋白质、钙的含量丰富。两者搭配清淡可口，在滋补的同时，可解油腻、养胃肠。

姜枣枸杞乌鸡汤

搭配

姜枣枸杞乌鸡汤 1 碗 + 肉片炒青椒 1 份
+ 米饭 1 碗

原料	做法
乌鸡 1 只， 红枣 10 颗， 枸杞 10 克， 姜片、盐各适量。	①收拾干净的乌鸡洗净，放入温水里，大火煮沸后撇去浮沫。 ②红枣、枸杞洗净。 ③将红枣、枸杞、姜片放入锅内，加水大火煮开。 ④改小火炖至乌鸡肉熟烂，出锅时加入适量盐调味即可。

营养功效：乌鸡肉含有多种氨基酸，以及维生素 B$_2$、烟酸、维生素 E、磷、铁、钾、钠等成分，是产后女性养身体的佳品。

通草鲫鱼汤

搭配

通草鲫鱼汤 1 碗 + 豌豆炒鱼丁 1 份 + 米饭 1 碗

原料	做法
鲫鱼 1 条， 黄豆芽 30 克， 通草 3 克， 姜片、盐适量。	①将处理好的鲫鱼洗净；黄豆芽择洗干净；通草用水浸泡。 ②锅置火上，加入适量清水和姜片，放入鲫鱼用小火炖煮 15 分钟。 ③再放入黄豆芽、通草及泡通草的水炖煮 10 分钟，加盐调味即可。

营养功效：鲫鱼、通草都有通乳的作用，此汤是乳汁不足的妈妈的食疗佳品。

妈妈身上的不适感在减轻，终于有精力美一美了，此时可以通过饮食来改善、淡化妊娠纹。

非哺乳妈妈这样吃

第 15 天吃什么

1. 以增强体质为主，多摄取一些富含碳水化合物、维生素和矿物质的食物；

2. 多喝一些汤粥，以促进血液循环，加强细胞新陈代谢，增强免疫力。

养护关键点

* 回乳食谱要多样化

* 适当减少水分的摄取

* 保持心情开朗

早餐

红枣枸杞粥

搭配

红枣枸杞粥 1 碗 + 鸡蛋 1 个 + 香蕉 1 根

原料

枸杞 5 克，
红枣 2 颗，
大米 30 克，
白糖适量。

做法

① 将枸杞洗净，除去杂质；红枣洗净，去核；大米淘洗干净，浸泡 30 分钟。

② 将枸杞、红枣和大米放入锅中，加适量水，用大火烧沸。

③ 转小火继续熬煮 30 分钟，加入白糖调味即可。

营养功效：枸杞、红枣都有滋养气血的功效，对有气血不足、脾胃虚弱等不适的妈妈来说是很好的补品。

银耳鸡汤

搭配

银耳鸡汤 1 份 + 油焖笋 1 份 + 小米饭 1 碗

原料

银耳 20 克，枸杞、鸡汤、盐、白糖各适量。

做法

①将银耳洗净，用温水泡发后去蒂，撕小朵。

②银耳放入砂锅中，加入适量鸡汤，用小火炖 30 分钟左右，加洗净枸杞。

③待银耳炖透后放入盐、少许白糖调味即可。

营养功效：银耳具有滋阴润肺、养胃生津的功效，配合鸡汤，能够帮助非哺乳妈妈滋补身体，更快更好地恢复体力。

小米鳝鱼粥

搭配

小米鳝鱼粥 1 份 + 清炒油菜 1 份 + 红烧豆腐 1 份

原料

小米 30 克，鳝鱼肉 50 克，胡萝卜、姜末、盐、白糖各适量。

做法

①将小米洗净；鳝鱼肉切成小段洗净；胡萝卜洗净切成小块，备用。

②在砂锅中加入适量清水，烧沸后放入小米，用小火煲 20 分钟。

③放入姜末、鳝鱼肉段、胡萝卜煲 15 分钟，熟透后，放入盐、白糖调味即可。

营养功效：此粥含有丰富的蛋白质、碳水化合物、维生素和矿物质，有益气补虚的功效，有利于非哺乳妈妈的身体恢复。

为了宝宝的健康成长，妈妈要尽量做到不要挑食。下奶和补血的食物要常吃，另外，也要加强补钙。

产后第 16 天
哺乳妈妈这样吃

第16天吃什么

此时哺乳妈妈应遵循的饮食原则为粗细兼顾、荤素搭配，这样既可保证各种营养的摄入，还可起到营养互补的作用，提高食物的营养价值，对妈妈身体的恢复、乳汁质量的提升很有益处。

养护关键点

＊ 保证充足的乳量

＊ 重视补血

＊ 休息好

红枣板栗粥

搭配

红枣板栗粥 1 碗 + 鲜肉包子 1 个 + 煮鸡蛋 1 个

原料	做法
板栗 8 颗，红枣 3 颗，大米 30 克。	①将板栗煮熟之后去皮，备用。 ②红枣洗净去核，备用。 ③大米洗净，用清水浸泡30 分钟。 ④将大米、煮熟后的板栗、红枣放入锅中，加清水煮沸。 ⑤转小火煮至大米熟透即可。

营养功效： 红枣富含维生素 C 和铁，板栗富含碳水化合物及矿物质等成分，对健脑与强身都起着显著的作用。

海带黄豆猪蹄汤

搭配

海带黄豆猪蹄汤 1 份 + 清炒油麦菜 1 份
+ 米饭 1 碗

原料	做法
猪蹄块 300 克，水发黄豆 50 克，海带片 40 克，姜片 20 克，料酒、白醋、盐各适量。	①砂锅注水，放入姜片、黄豆、猪蹄块，煮沸。②放入海带片，淋入料酒、白醋，大火煮沸。③改小火煮 1 小时，至食材全部熟透，加盐搅拌，煮至汤汁入味即可。

....

营养功效： 黄豆是豆类中营养价值比较高的，含有丰富的维生素及蛋白质；猪蹄可以健胃，活血脉。乳汁分泌不足时，可食用这款汤。

....

黄花菜糙米粥

搭配

黄花菜糙米粥 1 碗 + 豆腐丝 1 份 + 馒头 1 个

原料	做法
干黄花菜 20 克，糙米 30 克，猪肉末、盐、香油各适量。	①将干黄花菜泡软，洗净，用沸水煮透捞起；糙米淘洗干净，备用。②将糙米放入锅中，加清水烧开，转小火熬煮，待米粒煮开花时放入猪肉末、黄花菜。③最后放入盐调味，淋上香油即可。

....

营养功效： 黄花菜糙米粥可以改善产后妈妈肝血亏虚所致的健忘失眠、头晕目眩、小便不利、水肿、乳汁分泌不足等症状。

....

非哺乳妈妈经过了两周的恢复，精神状态已经好了很多，但内脏尚未完全复位。

非哺乳妈妈这样吃

· ·

第 16 天吃什么

1. 重点要放在补气补血上，不要吃太多高脂肪、高蛋白的食物；

2. 可以将 2~4 种谷类或豆类混合在一起做成主食，营养更均衡。

养护关键点

* 适量吃些水果
* 保持好心情
* 避免剧烈运动

早餐

香菇疙瘩汤

搭配

香菇疙瘩汤 1 碗 + 素包子 1 份 + 苹果 1 个

原料

香菇 3 朵，
面粉 50 克，
鸡蛋 1 个，
盐适量。

做法

①香菇洗净切丁；鸡蛋打散；面粉中少量多次加入清水，搅成面絮状。

②在锅中倒入适量清水，大火烧沸后，倒入面絮，待面疙瘩浮起后，放入香菇丁、蛋液、盐煮熟。

营养功效：香菇疙瘩汤富含碳水化合物，能为非哺乳妈妈提供热量，同时具有益气健脾的作用。

清炖鸽子汤

搭配

清炖鸽子汤 1 份 + 清炒芥蓝 1 份 + 米饭 1 碗

原料

鸽子 1 只，
香菇 5 朵，
山药半根，
红枣 4 颗，
泡发木耳、枸杞、
葱段、姜片、盐、
料酒各适量。

做法

①香菇洗净切十字花刀；红枣洗净；泡发木耳洗净，撕成片；山药洗净削皮，切块。
②水烧开，加料酒，将鸽子放入，去血水和浮沫。
③砂锅加水烧开，放姜片、葱段、红枣、香菇和鸽子，小火炖至鸽子肉熟烂；再放入枸杞、木耳，炖 2 分钟；最后放山药，炖至酥烂，加盐调味即可。

营养功效： 清炖鸽子汤滋阴养血，增强脾胃消化吸收功能，对产后妈妈体质迅速恢复有积极作用。

玉米香菇虾肉饺

搭配

玉米香菇虾肉饺 15 个 + 绿豆汤 1 碗

原料

饺子皮 20 张，
猪肉 150 克，
香菇 3 朵，
虾 5 只，
玉米棒半根，
胡萝卜 1/4 根，
盐、泡香菇水各适量。

做法

①玉米棒剥取玉米粒；胡萝卜切小丁；香菇泡后切小丁；去壳的虾切丁。
②将猪肉和胡萝卜一起剁碎；放入香菇丁、虾丁、玉米粒，搅拌均匀；再加入盐、泡香菇水制成肉馅。
③饺子皮包上肉馅，下入开水锅中煮熟即可。

营养功效： 虾肉软烂易消化，可滋阴养胃，提供优质动物蛋白。

哺乳妈妈在进行补血催乳的同时，还需加强全面的营养。

产后第 17 天
哺乳妈妈这样吃

第 17 天吃什么

1. 含丰富维生素和矿物质的蔬菜；

2. 含钙量高的肉类；

3. 含蛋白质高的蛋类和豆类。

平菇二米粥

搭配
平菇二米粥 1 碗 + 花卷 1 片 + 橙子 1 个

原料
大米 40 克，
小米 50 克，
平菇 40 克。

做法
①平菇洗净，焯烫后撕片；大米、小米分别淘洗干净。

②锅中加适量水，放入大米、小米。

③大火烧沸后，改小火煮至粥将成，加入平菇煮熟，即可。

养护关键点

* 注意别感冒

* 饭菜趁热吃

* 不吃不健康零食

营养功效： 大米滋阴养胃，可提高人体免疫功能；小米清热解渴、滋阴养血；平菇改善人体新陈代谢、增强体质。这款粥品适宜产后妈妈早餐食用。

豆腐鲤鱼汤

搭配

豆腐鲤鱼汤 1 份 + 清炒黄豆芽 1 份 + 米饭 1 碗

原料

鲤鱼块 200 克，
豆腐 50 克，
葱花、盐、
姜片各适量。

做法

①豆腐洗净，切厚片；鲤鱼块洗净。

②将鲤鱼块、豆腐片、姜片放入锅内，加清水煮开，去浮沫，转小火煮 20 分钟。

③出锅加盐调味，撒上葱花即可。

营养功效：豆腐中蛋白质、钙的含量都很高，且易于被妈妈吸收，清淡的口味也颇受妈妈的喜爱。

清蒸黄花鱼

搭配

清蒸黄花鱼 1 份 + 西红柿蛋汤 1 份 + 二米饭 1 碗

原料

黄花鱼 400 克，
木耳、葱段、姜片、
料酒、盐各适量。

做法

①收拾好的黄花鱼洗净，在鱼身两侧划几刀，抹上盐，将姜片、木耳铺在黄花鱼上，淋上料酒，放入蒸锅中用大火蒸熟。

②倒掉腥水，拣去姜片，然后将葱段铺在黄花鱼上。

③锅中放油,烧至七成热,将烧热的油浇到黄花鱼上即可。

营养功效：黄花鱼可以缓解产后妈妈贫血、失眠、食欲不振等不适，还能提高乳汁中不饱和脂肪酸的含量，促进宝宝的脑部发育。

非哺乳妈妈要保持愉悦轻松的心情，这样才能照顾好宝宝。

非哺乳妈妈这样吃

第 17 天吃什么

非哺乳妈妈在补血、滋补的同时，可以适当喝一些回乳的粥，如麦芽鸡汤、麦芽粥、麦芽山楂蛋羹等。

养护关键点

* 防贫血
* 控制汤水的摄入
* 防抑郁

早餐

雪菜肉丝面

搭配

雪菜肉丝面 1 碗 + 拌笋丝 1 份 + 煮鸡蛋 1 个

原料

面条、
猪瘦肉丝各 100 克，
雪菜末 50 克，
料酒、盐、
葱花各适量。

做法

①瘦肉丝加料酒拌匀。
②锅中放入瘦肉翻炒，加葱花、雪菜末，翻炒几下，加盐调味，熟后盛出。
③面条煮熟后，将炒好的雪菜肉丝放在面条上即可。

营养功效：雪菜富含维生素 C、钙和膳食纤维等营养素，雪菜肉丝面味道浓郁鲜美，具有很好的温补作用。

藕圆子

搭配

藕圆子1份 + 炒空心菜1份 + 米饭1碗

原料

莲藕1节，
猪肉糜50克，
鸡蛋1个，
胡萝卜丝、姜末、
盐、生抽、
糯米粉各适量。

做法

①胡萝卜丝切碎，焯熟，沥干；鸡蛋打散。

②莲藕洗净擦丝，与猪肉糜混合，加姜末、盐、生抽、蛋液、糯米粉，顺时针搅拌均匀。

③将莲藕肉泥在手上搓成肉丸，再将丸子放入蒸笼，大火蒸40分钟，放上胡萝卜碎装饰即可。

营养功效：莲藕中含有B族维生素，能消除疲劳，对安抚妈妈的情绪有积极作用。

麦芽鸡汤

搭配

麦芽鸡汤1份 + 蒜香茄子1份 + 花卷1个

原料

鸡肉100克，
生麦芽、炒麦芽各20克，
高汤、盐、葱段、
香菜叶、姜片各适量。

做法

①将鸡肉切块；生麦芽和炒麦芽用纱布包好。

②锅内放油烧热，放入葱段、姜片、鸡块煸炒。

③放入高汤、麦芽包，用小火炖至鸡肉熟透，最后加盐调味，点缀香菜叶即可。

营养功效：此汤含有丰富的蛋白质、脂肪、碳水化合物、钙、铁、磷、锌及维生素等成分。非哺乳妈妈食用后，既可以促进身体恢复，又有回乳的作用。

给宝宝哺乳很辛苦，妈妈可以喝一些缓解疲劳的粥类，多吃水果，放松心情，补血催乳的同时也要照顾好自己。

产后第 18 天
哺乳妈妈这样吃

第 18 天吃什么

1.及时补充高蛋白质食物，多吃富含蛋白质的瘦肉、鱼、蛋等，可以帮助妈妈恢复体力；

2.哺乳妈妈要多喝汤，因为这是既补充营养又补充水分的好方法。

养护关键点

* 催乳的同时别忘补钙
* 按时定量进餐
* 适量吃水果

莲藕瘦肉麦片粥

搭配

莲藕瘦肉麦片粥 1 份 + 西红柿胡萝卜汁 1 杯

原料	做法
大米 50 克，莲藕 30 克，猪瘦肉 20 克，玉米粒、枸杞、麦片、葱花、盐各适量。	①大米洗净，泡 30 分钟；莲藕洗净，去皮切片；猪瘦肉洗净，切丁；枸杞洗净。②将藕片、玉米粒焯熟；猪瘦肉丁余烫，除去血沫；大米熬煮成粥，把藕片、玉米粒、猪瘦肉丁、枸杞、麦片放入粥中，继续煮至熟烂。③最后加盐调味，撒上葱花即可。

营养功效：莲藕中含 B 族维生素，能帮助妈妈消除疲劳，还能为哺乳妈妈补充能量。

香煎带鱼

搭配

香煎带鱼1份 + 紫菜蛋汤1碗 + 米饭1碗

原料

带鱼500克，
盐、姜片、
料酒各适量。

做法

①带鱼洗净切块抹干，用料酒、盐腌20分钟。
②油锅烧热，加入姜片和鱼块，煎至两面金黄即可。

营养功效：带鱼中的优质蛋白质是母乳营养的重要来源，另外，带鱼含有丰富的不饱和脂肪酸，能为宝宝成长发育提供必要的营养物质。

山药羊肉羹

搭配

山药羊肉羹1份 + 香菇油菜1份 + 千层饼1块

原料

羊瘦肉200克，
山药150克，
牛奶、盐、
姜片各适量。

做法

①羊瘦肉洗净，切小块；山药去皮，洗净，切小块。
②将羊瘦肉、山药、姜片放入锅内，加入适量清水，小火炖煮至肉烂，出锅前加入牛奶、盐，稍煮即可。

营养功效：羊肉中蛋白质含量很高，且易消化吸收，有强身健体、提高免疫力的作用。羊肉与山药搭配使营养更加均衡。

月子期间还要照顾宝宝，非哺乳妈妈会感觉很辛苦，此时要注意照顾自己的身体，同时注意在进补时不要补得太过。

非哺乳妈妈这样吃

第18天吃什么

1. 因身体内钾含量较低引起身体乏力的妈妈，可以吃些含钾较多的橙子葡萄干、苹果，能帮助妈妈缓解乏力；

2. 不妨吃些开胃、健脾、助消化的食物，一方面可以缓解高蛋白、高脂肪食物带来的油腻，另一方面也能起到瘦身的作用。

养护关键点

* 吃新鲜水果

* 适当活动

* 注意休息

红薯山楂绿豆粥

搭配

红薯山楂绿豆粥 1 碗 + 鲜肉包 1 个 + 煮鸡蛋 1 个

原料

红薯 100 克，

山楂 10 克，

泡发绿豆 20 克，

大米 30 克，

白糖适量。

做法

①红薯去皮洗净，切成小块；山楂洗净，去子切末。

②大米和绿豆洗净后放入锅中，加适量清水用大火煮沸。

③加入红薯块煮沸，改用小火煮至粥将成，加入山楂末煮沸，煮至粥熟透，加白糖即可。

营养功效：此粥具有清热解毒、利水消肿、去脂减肥的功效，可以帮助妈妈产后减肥，恢复体形。

香油藕片

搭配

香油藕片1份 + 西红柿炖牛腩1份 + 米饭1碗

原料

莲藕150克，
姜丝、盐、
酱油、香油、
醋各适量。

做法

①莲藕洗净削皮，切成薄片。

②锅中放适量清水，烧开后倒进莲藕焯熟，捞进凉开水里过凉，沥干。

③藕片加盐、酱油、醋拌匀盛入盘内，放上姜丝。

④最后将香油烧热，淋在藕片上即可。

营养功效： 莲藕具有健脾开胃、生津止渴、养血补心的功效，还有助于增强免疫力。另外，莲藕含有丰富的维生素C和膳食纤维，有助于缓解便秘。

香菇鸡汤面

搭配

香菇鸡汤面1碗 + 糖醋萝卜1份 + 花卷1个

原料

面条50克，
鸡肉100克，
香菇4朵，
胡萝卜、酱油、
盐各适量。

做法

①鸡肉、胡萝卜洗净，切片；香菇洗净切花刀。

②在锅中加入温水，放入鸡肉、胡萝卜、盐，煮熟，盛出。

③将面条放入鸡肉汤中煮熟；香菇入油锅略煎。

④将煮熟的面条盛入碗中，把胡萝卜片、鸡肉片放在面条上，淋上鸡汤，再点缀香菇即可。

营养功效： 香菇营养丰富，高蛋白、低脂肪，搭配鸡汤面可健脾益胃，有助于妈妈消化吸收。

哺乳妈妈注意不要吃生冷食物，滋补、催乳的食物要合理搭配，不能挑食，适当走动有助消化。

产后第 19 天
哺乳妈妈这样吃

• • • • • • • • • • • • • • • • •

第19天吃什么

妈妈在怀孕期、产褥期及哺乳期中，因激素变化可能会引发记忆力衰退、反应变得相对迟钝等表现。妈妈可吃些益智补脑的食物，调养自己的同时，也有利于宝宝的大脑发育。

养护关键点

* 重视早餐质量

* 吃点板栗，补肾益脑

* 细心呵护乳房

红枣小米粥

搭配

红枣小米粥 1 份 + 面包 2 片 + 橙子 1 个

原料

红枣 20 克，
小米 100 克，
冰糖适量。

做法

①小米洗净，浸泡 30 分钟；红枣洗净，去核，切成小碎块。

②锅中注入清水烧开，倒入小米，大火煮沸，转小火熬煮至快熟时，放入红枣碎。

③煮至食材全熟，加冰糖略煮即可。

营养功效：红枣小米熬粥，营养价值丰富，作为产后妈妈滋补之用再适合不过。

板栗烧仔鸡

搭配

板栗烧仔鸡 1 份 + 西红柿蛋汤 1 份 + 米饭 1 碗

原料

熟板栗肉 80 克，
仔鸡 1 只，
蒜瓣、料酒、酱油、
高汤、盐各适量。

做法

①仔鸡洗净，切块，放入酱油、料酒、盐腌制备用。
②锅中加入高汤、酱油、鸡块、板栗，煮至食材熟烂。
③转大火加入蒜瓣，焖煮 5 分钟，即可。

营养功效： 板栗益肾补脑，搭配仔鸡具有补益气血、强筋壮骨的作用。

花生鸡爪汤

搭配

花生鸡爪汤 1 碗 + 牛肉饼 1 块 + 猕猴桃 1 个

原料

鸡爪 2 只，
花生仁 20 克，
胡萝卜、枸杞、
姜片、黄酒、
香油、盐各适量。

做法

①将鸡爪剪去爪尖，洗净；花生仁放入温水中泡半小时，换清水洗净；胡萝卜洗净，切片。
②在锅中加入适量清水，用大火煮沸，放入鸡爪、花生仁、胡萝卜、枸杞、黄酒、姜片，煮至熟透。
③加盐调味，再用小火焖煮一会儿，淋上香油，即可。

营养功效： 此汤具有养血催乳、止血活血、强筋健骨的功效，还能促进乳汁分泌，有利于子宫恢复，促进恶露排出，防止产后出血。

饮食要全面营养，不能挑食偏食。另外，非哺乳妈妈可以多吃一些益智健脑的食物，如核桃、鱼头等。

非哺乳妈妈这样吃

第 19 天吃什么

1. 可以吃些清淡的食物，如菠菜、西红柿、豆腐汤等；

2. 坚果富含蛋白质、油脂、矿物质和维生素，产后适量补充坚果更利于营养均衡、增强体质、预防疾病，但不宜多吃。

养护关键点

* 调整作息

* 保护好腰

* 吃点安神食物

黑芝麻米糊

搭配

黑芝麻米糊 1 碗 + 菠菜炒鸡蛋 1 份

原料	做法
大米 20 克，莲子 10 克，黑芝麻 15 克。	①将大米洗净，浸泡 3 小时；莲子、黑芝麻均洗净。②将大米、莲子、黑芝麻放入豆浆机中，加水至上下水位线之间，按"米糊"键，加工好后倒出，即可。

营养功效：莲子有养心益肾的功效；黑芝麻的含钙量高于牛奶，缺钙的妈妈可以经常食用。

香芹炒猪肝

搭配

香芹炒猪肝1份 + 青椒炒鸡蛋1份 + 米饭1碗

原料

去蒂鲜香菇1个，
新鲜猪肝100克，
芹菜50克，
高汤、葱花、
姜末、水淀粉、
酱油、香油、
盐各适量。

做法

①鲜香菇洗净，切成片；芹菜洗净，切段。

②猪肝洗净，去筋膜，切片。

③锅中爆香葱花、姜末后投入猪肝片，翻炒一会儿加入香菇片及芹菜，继续翻炒片刻；加入高汤、盐、酱油，以小火煮沸，用水淀粉勾芡，淋入香油即成。

营养功效： 猪肝补铁养血；芹菜有平肝降压、养血补虚、镇静安神、美容养颜之功效。这是一道为非哺乳妈妈补充铁元素、预防贫血的菜品。

丝瓜鱼头豆腐汤

搭配

丝瓜鱼头豆腐汤1碗 + 白菜肉片1份
+ 小米粥1碗

原料

鱼头1个，
丝瓜、豆腐各100克，
姜片、盐各适量。

做法

①丝瓜去皮，洗净，切块；鱼头洗净，劈开两半；豆腐用清水略洗，切块。

②将鱼头和姜片放入锅中，加适量水，用大火烧沸，煲10分钟。

③放入豆腐和丝瓜，再用小火煲15分钟，加盐调味即可。

营养功效： 丝瓜可清热解毒，利尿消肿。丝瓜鱼头豆腐汤能提供丰富的胶原蛋白，既能强体，又能美容，是产后妈妈滋补身体和滋养肌肤的理想食品。

在进补高蛋白、高脂肪食物的同时，还要食用一些含有膳食纤维或润肠作用的食物，如冬瓜、蜂蜜、菌类等，以免发生便秘。

产后第20天
哺乳妈妈这样吃

第20天吃什么

1. 多摄取富含维生素、蛋白质的食物，饮用一些浓汤可以增加乳汁的分泌；

2. 出现产后水肿的妈妈要保证饮食清淡，不要吃过咸的食物，以防水肿情况加重。

养护关键点

* 多吃五谷杂粮
* 小心便秘
* 保证泌乳量

早餐

香菇鸡肉糙米粥

搭配

香菇鸡肉糙米粥 1 份 + 葱花饼 1 块 + 火龙果 1 块

原料	做法
大米、小米、糙米各 30 克，鸡肉 50 克，干香菇 3 朵，葱花、盐各适量。	①大米、小米、糙米淘洗干净；鸡肉洗净，切丁；干香菇泡发，洗净，去蒂切片。 ②油锅烧热，倒入葱花、香菇，爆香后加水煮开，加入洗净的大米、小米、糙米和鸡肉丁。 ③煮熟后加盐调味即可。

营养功效：此粥既能给妈妈补充蛋白质，又能补充维生素。糙米中的膳食纤维含量丰富，可促进肠胃蠕动，防止便秘。

茭白炒肉丝

搭配

茭白炒肉丝 1 份 + 菠菜玉米粥 1 碗 + 烧饼 1 个

原料

茭白 100 克，
净肉丝 50 克，
葱花、高汤、
水淀粉、盐各适量。

做法

①茭白洗净削皮，切成片；高汤、水淀粉调成芡汁。
②炒锅放火上，倒入油烧至五成热，放入肉丝炒一下，然后放入葱花炒匀，加茭白片翻炒，加盐，烹入芡汁，炒匀即可。

营养功效：此菜在催乳的同时还可预防产后便秘，具有清热补虚的功效。

奶汁百合鲫鱼汤

搭配

奶汁百合鲫鱼汤 1 碗 + 猪肝拌菠菜 1 份
+ 烧饼 1 个

原料

鲫鱼 1 条，
牛奶 150 毫升，
木瓜 20 克，
百合瓣 15 克，
盐、葱末、
姜末各适量。

做法

①处理好的鲫鱼洗净；木瓜洗净去子，去皮切小片。
②锅中放适量油烧热，将鲫鱼两面略煎。
③加水，大火烧开，再放葱末、姜末，改小火慢炖。
④当汤汁颜色呈奶白色时放入木瓜片，加盐调味，再放牛奶稍煮，出锅前放入百合瓣即可。

营养功效：此汤有益气养血、补虚通乳的作用，是帮助哺乳妈妈分泌乳汁的佳品。

非哺乳妈妈的伤口差不多愈合了，可以做一些简单的运动，如踢腿、按摩等。

非哺乳妈妈这样吃

● ●

第 20 天吃什么

1. 饮食上以助消化、益气补血的食物为主，如牛奶、葡萄干、白萝卜、木耳等；

2. 产后水肿的妈妈在睡前要少喝水，避免多余水分在体内潴留。

养护关键点

* 尽快恢复元气

* 适当锻炼

* 保持好心情

早餐

牛奶核桃粥

搭配

牛奶核桃粥 1 碗 + 黑豆沙芝麻饼 1 块 + 煮鸡蛋 1 个

原料	做法
大米 50 克，核桃仁 10 克，牛奶 300 毫升。	①将大米淘洗干净，加适量水，煮沸。②放入核桃仁，中火熬煮 30 分钟。③倒入牛奶，搅拌均匀，即可。

营养功效：核桃有补血养气、润燥通便的功效。

蛤蜊豆腐汤

搭配

蛤蜊豆腐汤 1 份 + 西红柿炒菜花 1 份 + 米饭 1 碗

原料

蛤蜊 200 克，
豆腐 100 克，
葱花、姜片、
盐、香油各适量。

做法

①清水中滴入少许香油，将蛤蜊放入，让蛤蜊彻底吐尽泥沙，冲洗干净，备用；豆腐切成 1 厘米见方的小丁。

②锅中放水、盐和姜片煮沸，把蛤蜊和豆腐丁一同放入，转中火继续炖煮。

③待蛤蜊张开壳、豆腐熟透后即可关火，撒上葱花。

营养功效：蛤蜊含有蛋白质、脂肪、铁、钙、磷、碘等营养素，能帮助妈妈缓解压力、舒心睡眠。

奶香红枣粥

搭配

奶香红枣粥 1 碗 + 清炒茭白 1 份 + 馒头 1 个

原料

红枣 20 克，
水发小米 90 克，
水发大米 150 克，
牛奶 200 毫升，
冰糖适量。

做法

①红枣洗净，切开，去核，将红枣肉切成小碎块。

②砂锅中注入适量清水，烧开，倒入小米，搅散，再放入大米，搅拌均匀，之后放入红枣碎块，拌匀。

③锅盖盖，水烧开后小火煮 40 分钟，至食材熟透。

④揭盖，放入冰糖，搅拌至冰糖融化，倒入牛奶，混合均匀，煮沸即可。

营养功效：牛奶含有丰富的蛋白质，搭配红枣及小米食用，能够起到补气养血、益胃健脾的功效。

哺乳妈妈每天都必须注重营养的摄取，这样才能保证乳汁的质量。

产后第 21 天
哺乳妈妈这样吃

· ·

第 21 天吃什么

多摄取一些富含蛋白质、矿物质的食物，如猪排骨、鸡蛋、鱼虾等，既能增强自身的免疫力，也能使宝宝通过吸吮营养乳汁长得更壮。

养护关键点

* 不挑食，不偏食
* 干稀搭配
* 多按摩乳房

鲜虾粥

搭配

鲜虾粥 1 碗 + 煮鸡蛋 1 个 + 橙子 1 个

原料

虾 50 克，
大米 30 克，
芹菜、香菜、
香油、盐各适量。

做法

①大米洗净，放入锅中加适量水煮粥。

②虾洗净，取虾仁备用；芹菜、香菜洗净，切碎备用。

③粥煮熟时，把芹菜、虾放入锅中，放盐，搅拌。

④继续煮 5 分钟左右，再将香菜放入锅中，淋入香油，煮沸即可。

营养功效：虾的营养价值极高，能增强人体的免疫力。此粥还有催乳作用，帮助哺乳妈妈分泌乳汁。

菠菜猪血汤

搭配

菠菜猪血汤 1 份 + 冬瓜虾仁 1 份 + 米饭 1 碗

原料	做法
猪血 150 克，新鲜菠菜 3 棵，盐、香油各适量。	①猪血切块；新鲜菠菜洗净切成段，用开水焯一下。 ②锅中加水，放入猪血块和菠菜段，煮开，加入盐和香油调味即可。

营养功效：此汤具有润肠通便之功效。猪血富含铁，是补血、排毒、养颜的理想食物。

莲藕排骨汤

搭配

莲藕排骨汤 1 份 + 红烧茄子 1 份 + 烧饼 1 个

原料	做法
猪排骨 150 克，莲藕 100 克，盐适量。	①猪排骨洗净，剁成块状；莲藕洗净，去皮，切成片。 ②将排骨块放入沸水中余烫去血水，洗净备用。 ③将余烫后的排骨块和藕片一同放入清水中，大火烧沸后转小火炖 2 小时，起锅前放入适量盐即可。

营养功效：猪排骨除了含有蛋白质、脂肪、B 族维生素外，还含有大量磷酸钙、骨胶原等成分，可为哺乳妈妈提供丰富的营养。

非哺乳妈妈身体上的不适在逐渐减轻，精神状态也更好了。为了减少乳头被刺激，可以选择合身又具有支托性的文胸。

非哺乳妈妈这样吃

第 21 天吃什么

1. 多吃一些补铁补血的食物，能使气色更好；

2. 可以吃一些利水消肿的食物，有利于产后瘦身。

养护关键点

* 适当按摩，淡化妊娠纹
* 吃点有助回奶的食物
* 适当运动

早餐

芪枣枸杞茶

搭配

芪枣枸杞茶 1 份 + 豆沙包 1 个 + 煎鸡蛋 1 个

原料

黄芪 2 片，
红枣 3 颗，
枸杞适量。

做法

①将黄芪、红枣、枸杞分别洗净，将黄芪、红枣放入锅中加清水煮开，改小火再煮 10 分钟。

②加入枸杞，再煮一两分钟，取茶汁饮用即可。

营养功效：这道芪枣枸杞茶可补气补血，帮助妈妈增强免疫力。

三鲜冬瓜汤

搭配

三鲜冬瓜汤 1 份 + 拔丝香蕉 1 份 + 米饭 1 碗

原料

冬瓜 100 克，冬笋 30 克，
西红柿 1 个，
去蒂鲜香菇 1 朵，
油菜、盐各适量。

做法

①冬瓜去皮去子后，洗净切成片；鲜香菇洗净切成丝；冬笋洗净切成片；西红柿洗净切成片；油菜洗净切成段。

②将所有原料一同放入锅中，加清水煮沸；转小火再煮至冬瓜、冬笋熟透。

③出锅前放盐调味即可。

营养功效：冬瓜有利尿消肿、减肥、清热解暑的功效；西红柿酸酸甜甜，有助于开胃。

花椒红糖饮

搭配

花椒红糖饮 1 份 + 糖醋萝卜 1 份
+ 猪肉白菜蒸饺 1 份

原料

花椒 5 克，
红糖适量。

做法

①将花椒先放在清水中泡 1 小时。

②锅置火上，倒入花椒水后再加适量清水，大火煮 10 分钟。

③出锅时加入红糖即可。

营养功效：花椒红糖饮能帮助产后妈妈回乳，减轻乳房胀痛。

第四章

产后第 4 周：增强体质

★妈妈的身体变化

乳房：预防乳腺炎

胃肠：基本恢复

子宫：大体复原

恶露：基本没有了

伤口：留意瘢痕增生

★本周饮食重点：调理滋补，预防便秘

✓ 多进补当季食物　　✗ 吃过多的保健品

✓ 增加蔬菜摄入量　　✗ 只喝汤不吃肉

✓ 吃清火食物　　　　✗ 食用易过敏食物

本周推荐的 8 种
增体力食物

猪肉 滋阴润燥，补益气血

猪肉含有较多的优质蛋白质且铁含量较高，能有效改善妈妈产后缺铁性贫血的状况，可增强妈妈的体质。

推荐食谱：

• 雪菜肉丝面（见第 78 页）

• 豆芽炒肉丁（见第 105 页）

• 排骨汤面（见第 126 页）

木瓜 增强免疫，缓解便秘

木瓜含碳水化合物、蛋白质、维生素 C 和钙、铁等多种矿物质，有"百益果王"之称。木瓜作为一种有益健康的水果，适合哺乳期妈妈选用，而且木瓜既可以作为水果直接食用，也可以用于做菜。

红薯 利水消肿，通乳明目

红薯富含淀粉、果胶、维生素及多种矿物质能增强妈妈的抵抗力。红薯含有丰富的膳食纤维，可刺激消化液分泌及肠胃蠕动，从而起到通便作用。

推荐食谱：

• 红薯粥（见第 13 页）

• 炒红薯泥（见第 57 页）

• 红薯饼（见第 119 页）

推荐食谱：

• 木瓜牛奶露（见第 22 页）

• 木瓜煲牛肉（见第 41 页）

• 木瓜烧带鱼（见第 125 页）

鳝鱼 补气养血，温阳健脾

鳝鱼有很强的补益功能，特别是对身体虚弱的妈妈更为明显，它有补气养血、温阳健脾、滋补肝肾、祛风通络等功效。另外，它还含有丰富的 DHA 和卵磷脂。

推荐食谱：

• 小米鳝鱼粥（见第 71 页）

• 板栗鳝鱼煲（见第 105 页）

• 青椒炒鳝段（见第 121 页）

牛蒡 增强体力，预防便秘

牛蒡含有蛋白质、钙、磷、铁等人体所需的多种维生素及矿物质，营养丰富。月子期间适量食用牛蒡，有活血散瘀的作用；牛蒡中的膳食纤维可以促进大肠蠕动，帮助排便。

推荐食谱：

• 牛蒡粥（见第 46 页）

• 胡萝卜牛蒡排骨汤（见第 101 页）

• 红枣牛蒡汤（见第 107 页）

黄芪 产后气虚首选

黄芪是一味常见的中药，有补气固表、止汗、生肌、利尿、退肿之功效。妈妈有产后气虚、气血不足等症，都可以用黄芪来改善调养。

推荐食谱：

• 芪归炖鸡汤（见第 9 页）

• 芪枣枸杞茶（见第 94 页）

• 黄芪橘皮红糖粥（见第 116 页）

海参 修补元气，缓解腰酸乏力

海参含有丰富的蛋白质和钙质、维生素等营养元素，有助于消除疲劳，增强免疫力。对于正在哺乳的妈妈，海参不仅能补充丰富的营养，还能通过奶水促进宝宝的身体发育。

推荐食谱：

• 海参木耳小豆腐（见第 55 页）

• 海参当归汤（见第 100 页）

• 葱烧海参（见第 109 页）

香菇 促代谢，强体魄

香菇含有多种维生素、矿物质，能够促进人体的新陈代谢，月子期间适量地吃些香菇有助于增强身体的抵抗力。另外，香菇还有促进乳汁分泌的作用。

推荐食谱：

• 红枣香菇炖鸡（见第 51 页）

• 肉末香菇鲫鱼（见第 101 页）

• 香菇豆腐塔（见第 103 页）

产后第 4 周，哺乳妈妈加强进补是有必要的，既能增强自身的免疫力，也能使宝宝通过母乳获得充足营养。

产后第 22 天
哺乳妈妈这样吃

第 22 天吃什么

1.海参可促进妈妈身体的恢复、增强免疫力，是产后恢复的佳品；

2.进补的时候不要让肠胃负担太重，避免妈妈腹泻。早餐以好消化的主食为主，午餐吃滋补的食品，晚餐则主要补充蛋白质。

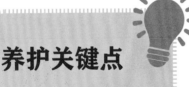

养护关键点

* 吃好早餐

* 注意排空乳房

* 勿挤压乳房

海参当归汤

搭配

海参当归汤 1 碗 + 南瓜香菇包 1 个 + 煮鸡蛋 1 个

原料	做法
海参 50 克，干黄花菜、荷兰豆各 30 克，当归 6 克，鲜百合、姜丝、盐各适量。	①海参去肠洗净，汆烫后捞出沥干；干黄花菜泡好，收拾洗净，沥干；鲜百合洗净，掰成瓣；荷兰豆洗净；当归洗净，浸泡 30 分钟。 ②油锅烧热，下姜丝爆香，放入泡好的黄花菜、荷兰豆、当归翻炒片刻，加入适量清水大火煮沸。 ③加入百合片、海参，大火煮熟，加入盐调味即可。

营养功效：妈妈适当吃些海参可以增强体力，补充蛋白质。

胡萝卜牛蒡排骨汤

肉末香菇鲫鱼

搭配

胡萝卜牛蒡排骨汤 1 碗 + 素什锦 1 份
+ 米饭 1 碗

原料

排骨段 150 克，
干牛蒡片 10 克，
枸杞、胡萝卜、
盐各适量。

做法

① 排骨段洗净，氽去血沫
捞出。

② 干牛蒡片洗净，备用。

③ 枸杞洗净；胡萝卜洗净去
皮，切成滚刀块，备用。

④ 把排骨、牛蒡片、枸杞、
胡萝卜块一起放入锅中，加
清水大火煮开后，转小火再
炖 1 小时，出锅时加盐调味
即可。

搭配

肉末香菇鲫鱼 1 份 + 白菜肉片 1 份 + 花卷 1 个

原料

干香菇 5 朵，
鲫鱼 1 条，
肉末、葱段、
姜片、酱油、
盐各适量。

做法

① 干香菇用水泡发，洗净切
块；处理好的鲫鱼洗净。

② 将姜片、葱段在锅中爆香，
倒入肉末煸炒，然后加盐，
放入香菇，接着煸炒，盛出
待用。

③ 将鲫鱼放入锅中煎成两面
金黄，浇上酱油，加少许水，
放入炒好的香菇、肉末，大
火收汤汁，即可。

营养功效： 牛蒡有清热解毒、降低胆固醇、增强人体免疫力和预防糖尿病、便秘、高血压的功效。

营养功效： 鲫鱼可增强抗病能力，还可补虚通乳，是哺乳妈妈补虚健身的良好选择。

非哺乳妈妈此时不能过度劳累，要注意休息。

非哺乳妈妈这样吃

第 22 天吃什么

1. 可吃一些增强体力的食物,如鸡蛋、牛肉、鸡肉等;

2. 消化不良的非哺乳妈妈,可以吃些豆腐助消化、增食欲。

养护关键点

* 多陪伴宝宝
* 及时回乳
* 不要过早减肥

豆浆小米糊

搭配

豆浆小米糊 1 碗 + 素菜包 1 个 + 煮鸡蛋 1 个

原料

小米 50 克,
泡发黄豆 100 克,
蜂蜜适量。

做法

①泡发黄豆加水磨成豆浆，备用；小米洗净，浸泡 1 小时，用料理机打成小米糊。

②锅中加入豆浆，煮沸，然后边下小米糊边用勺向一个方向不停搅匀,煮沸。

③煮熟后关火，凉温后加入蜂蜜调味即可。

营养功效：小米健脾和中、益肾气、补虚损,是脾胃虚弱、体虚畏寒、产后虚损妈妈的良好食疗方。

牛肉炒菠菜

搭配

牛肉炒菠菜 1 份 + 紫菜鸡蛋汤 1 份
+ 小米饭 1 碗

原料

牛肉 150 克，
菠菜 100 克，
姜末、盐、
花生油、白糖、
酱油、淀粉各适量。

做法

①菠菜洗净切长段，放入沸水中焯一下，捞出沥干水分；牛肉洗净，按横纹切薄片，将姜末、盐、花生油、白糖、酱油、淀粉加适量水调匀，放入牛肉片拌匀备用。

②油锅烧热，将牛肉放入锅中，煸炒片刻，加入菠菜翻炒片刻，加适量盐调味即可。

营养功效：牛肉具有补脾胃、益气血、强筋骨等作用，能够补充失血和修复组织；菠菜含铁丰富，能帮助产后妈妈补血。

香菇豆腐塔

搭配

香菇豆腐塔 1 份 + 小米粥 1 碗 + 烧饼 1 个

原料

豆腐 300 克，
香菇 3 朵，
榨菜、酱油、
白糖、盐、香油、
淀粉各适量。

做法

①将豆腐切成四方大块，中心挖空；香菇洗净，剁碎；榨菜剁碎。

②香菇和榨菜用少许白糖、盐及淀粉拌匀即为馅料；将馅料酿入豆腐中心，摆在碟上蒸熟，淋上香油、酱油即可。

营养功效：豆腐富含易被人体吸收的钙，还是优质蛋白质的良好来源，而且豆腐容易被消化，符合非哺乳妈妈的饮食需求。

因为要照顾宝宝，还要为宝宝提供大量热量，此时哺乳妈妈需要食用各种能增强体力的食物。

产后第 23 天
哺乳妈妈这样吃

肉末菜粥

第 23 天吃什么

坚持母乳喂养，本身就会消耗大量的热量，有利于妈妈控制体重。母乳喂养的妈妈在饮食上应选择营养丰富，且脂肪含量低的食物，这对控制体重很有帮助。

搭配

肉末菜粥 1 碗 + 土豆饼 1 个 + 菠萝 1 块

原料	做法
大米 80 克，猪肉末 50 克，青菜、葱花、姜末、盐各适量。	①将大米淘洗干净，放入锅内，加入水，用大火烧开后，转小火煮透，熬成粥。 ②将肉末放入锅中炒散，放入葱花、姜末炒匀。 ③将洗好的青菜切碎，放入锅中与肉末拌炒均匀。 ④将锅中炒好的肉末和青菜放入米粥内，加入盐调味，稍煮一下即可。

养护关键点

* 不吃味精
* 多吃应季食物
* 注意荤素搭配

营养功效：此粥含有丰富的优质蛋白质、脂肪酸、钙、铁和维生素 C，比普通白米粥的营养更丰富、均衡，口味也更佳。

豆芽炒肉丁

搭配

豆芽炒肉丁 1 份 + 萝卜汤 1 份 + 米饭 1 碗

原料

黄豆芽 100 克，猪肉 150 克，高汤、盐、酱油、白糖、葱花、姜片、淀粉各适量。

做法

①将黄豆芽洗净，沥去水；猪肉洗净，切成小丁，用淀粉抓匀上浆。

②将肉丁放入锅中翻炒，盛出沥油。

③锅中放入葱花、姜片、黄豆芽、酱油略炒，再放入白糖，加高汤、盐，用小火煮熟，放入肉丁炒匀，再用淀粉勾芡即可。

营养功效：此菜可为哺乳妈妈补充蛋白质、铁等营养成分。

板栗鳝鱼煲

搭配

板栗鳝鱼煲 1 份 + 醋熘圆白菜 1 份 + 苹果 1 个

原料

鳝鱼段 200 克，板栗 20 克，姜片、盐各适量。

做法

①将处理好的鳝鱼段洗净后用热水烫去黏液，放盐拌匀，备用。

②板栗洗净去壳，备用。

③将鳝鱼段、板栗、姜片一同放入锅内，加入清水煮沸后，转小火再煲 1 小时，出锅时加入盐调味即可。

营养功效：鳝鱼可滋阴补血，对产后妈妈筋骨酸痛、步行无力、精神疲倦、气短懒言等都有不错的改善作用，是良好的补益食品。

非哺乳妈妈要做到荤素搭配，避免偏食，以免因某些营养素缺乏，导致自己的体质下降。

非哺乳妈妈这样吃

● ● ● ● ● ● ● ● ● ● ● ● ● ● ● ● ● ● ●

第 23 天吃什么

1. 合理搭配含蛋白质及钙、磷、铁等矿物质食物的比例；

2. 红豆中的膳食纤维可以刺激肠胃蠕动，帮助排便，减少体内毒素、废物的堆积，适合需要排毒的妈妈食用。

养护关键点

＊ 适量吃高蛋白食物

＊ 多吃蔬菜

＊ 适当增加运动

红豆山药燕麦粥

搭配

红豆山药燕麦粥 1 碗 + 酱肉包 1 份 + 煮鸡蛋 1 个

原料	做法
红豆、薏米各 20 克，山药 1 根，燕麦片适量。	①红豆和薏米洗净后，放入锅中，加适量水，用中火烧沸，煮两三分钟，关火，闷 30 分钟。 ②山药削皮，洗净切小块。 ③将山药块和燕麦片倒锅中，用中火煮沸后，关火，闷熟即可。

营养功效：红豆有生津、利小便、消肿的功效，搭配山药能健脾胃。

嫩炒牛肉片

搭配

嫩炒牛肉片 1 份 + 炝炒圆白菜 + 米饭 1 碗

原料

牛肉 150 克，
葱段、姜丝、
香油、酱油、淀粉、
水淀粉、盐各适量。

做法

①将牛肉洗净后切成薄片，放在碗里，加适量淀粉和少量水，抓拌均匀。

②将牛肉片放入油锅中，用筷子划散炒熟，之后放入葱段、姜丝、酱油、盐翻炒几下，用水淀粉勾芡，淋上香油即可。

营养功效：牛肉富含优质蛋白质，脂肪含量却不高，帮助非哺乳妈妈补充能量的同时不用担心肥胖。

红枣牛蒡汤

搭配

红枣牛蒡汤 1 份 + 清炒白菜 1 份 + 千层饼 1 块

原料

干牛蒡片 5 克，
红枣 5 颗，
冰糖适量。

做法

①干牛蒡片洗净；红枣洗净。

②锅中放适量清水，放入牛蒡片、红枣用中火慢煮半小时。

③加入冰糖，继续煮至冰糖化开，取汤饮用即可。

营养功效：牛蒡有助于清除体内垃圾，改善体内循环，促进新陈代谢，是妈妈滋补排毒的佳品。

哺乳妈妈如果出现精神不振、面色萎黄、不思饮食等产后虚弱现象，应当开始注重养气补虚、温阳健脾、滋补肝肾。

产后第 24 天
哺乳妈妈这样吃

•••••••••••••••••••••••••••••

第 24 天吃什么

牛肉、鸡肉是哺乳妈妈恢复元气的理想选择，最好搭配萝卜、芦笋等蔬菜同食，不仅能提高免疫力，强身健体，还能补充肉类所缺少的维生素。

养护关键点

* 不宜频繁外出就餐

* 饮食均衡

* 规律饮食

草莓牛奶粥

搭配

草莓牛奶粥 1 碗 + 凉拌芹菜 1 份 + 香菇猪肉包 1 个

原料	做法
新鲜草莓 5 个，香蕉 1 根，大米 30 克，牛奶 250 毫升。	①草莓去蒂，洗净，切块；香蕉去皮，放入碗中碾成泥；大米洗净。②将大米放入锅中，加适量清水，大火煮沸。③然后放入草莓、香蕉泥，同煮至熟，倒入牛奶，稍煮即可。

营养功效：草莓含有丰富的维生素 C，可帮助消化；香蕉可清热润肠，促进肠胃蠕动。此粥清香爽口，让妈妈从早餐开始快乐的一天。

葱烧海参

搭配

葱烧海参 1 份 + 菠菜粉丝 1 份 + 五谷饭 1 碗

原料

海参 3 个，
葱段、姜片、
白糖、水淀粉、
酱油、盐、
熟猪油各适量。

做法

①海参去肠，洗净，用开水余烫一下捞出，切成大片。

②锅中放入熟猪油，烧到八成热，放入葱段，炸成金黄色后捞出，葱油倒出一部分备用。

③将留在锅中的葱油烧热，放入海参和姜片，调入酱油、白糖、盐，加入炸好的葱段，一起用中火煨熟海参，调入水淀粉勾芡，淋入备用的葱油即可。

营养功效：海参富含胶原蛋白，低脂肪，几乎不含胆固醇，口感 Q 弹受人喜爱，也是近年来孕产妈妈的热门食物。

牛肉卤面

搭配

牛肉卤面 1 碗 + 奶油白菜 1 份

原料

面条 100 克，
牛肉丁、
胡萝卜丁各 50 克，
红椒丁、
黄椒丁各 20 克，
酱油、水淀粉、
盐、香油各适量。

做法

①面条煮熟过水。

②牛肉丁煸香，放胡萝卜丁、红椒丁、黄椒丁煸炒，加酱油、盐、水淀粉调味后浇在面条上，淋几滴香油。

营养功效：牛肉卤面可滋补肠胃、健脾益气，能促进妈妈产后恢复，其中牛肉还有利于妈妈补血。

非哺乳妈妈要多吃一些抗疲劳、增强体质的食物。

非哺乳妈妈这样吃

第 24 天吃什么

1. 适量吃一些牛肉、豆腐、海参，不仅可以补血强身，还能缓解疲倦感；

2. 身体虚弱的妈妈不要吃凉了的饭菜，因为食用后易损伤脾胃，影响消化。

养护关键点

＊ 做做恢复操

＊ 保养肌肤

＊ 劳逸结合

早餐

羊肝胡萝卜粥

搭配

羊肝胡萝卜粥 1 碗 + 炝黄瓜 1 份 + 鲜肉包 1 个

原料

熟羊肝、胡萝卜各 50 克，大米 30 克，葱花、姜末、盐各适量。

做法

①将熟羊肝洗净，切片；胡萝卜洗净，切成小丁。

②羊肝倒入开水锅中略氽，盛起用姜末略腌。

③将大米用大火熬成粥后加入胡萝卜丁，焖 15~20 分钟，再加入羊肝，放入盐和葱花即可。

营养功效：羊肝含铁丰富，铁质是生产血红蛋白必需的元素，可使皮肤红润；羊肝还富含维生素 B_2，能促进身体的新陈代谢。

芦笋鸡丝汤

搭配

芦笋鸡丝汤 1 份 + 黄瓜炒鸡蛋 1 份 + 米饭 1 碗

原料

芦笋、鸡胸肉各
100 克，
鸡蛋清、高汤、
淀粉、盐、
香油各适量。

做法

①鸡胸肉切丝，用鸡蛋清、
盐、淀粉拌匀腌 20 分钟。

②芦笋洗净沥干，切段。

③锅中放入高汤，加鸡肉丝、
芦笋同煮，煮熟后加盐，淋
香油即可。

营养功效：此汤具有健胃补脾的作用，并能为非哺乳
妈妈提供充足的热量。

西红柿炒菜花

搭配

西红柿炒菜花 1 份 + 小炒肉 1 份 + 奶酪 1 份

原料

菜花 250 克，
西红柿 120 克，
水淀粉、白糖、
盐各适量。

做法

①菜花洗净，掰朵；西红
柿洗净，切块。

②锅中注水烧开，放入菜
花，淋入少许油，搅拌均
匀，煮至断生，捞出。

③油锅烧热，倒入菜花与
西红柿，大火快炒，加水
淀粉、白糖、盐，炒匀即可。

营养功效：西红柿和菜花是维生素 C 的良好来源，西
红柿炒菜花可满足非哺乳妈妈对维生素 C 的需求。

哺乳妈妈在饮食上需注意多食用促进泌乳的食物，在生活上也要注意乳房的清洁卫生，以防止乳腺炎的发生。

产后第 25 天
哺乳妈妈这样吃

第 25 天吃什么

对于吃母乳的宝宝来说，母乳中的脂肪热量比例已经较高，如果妈妈再过多地摄入脂肪，宝宝的消化系统承受不了，容易引发胃肠道反应。再者，摄入过多脂肪，妈妈乳腺容易阻塞，易患乳腺疾病。脂肪摄入过多对产后瘦身也非常不利。

养护关键点

* 哺乳后记得清洁乳头

* 喝碗营养汤

* 忌辛辣食物

豆豉羊肚粥

搭配

豆豉羊肚粥 1 份 + 素包子 1 个 + 煮鸡蛋 1 个

原料

熟羊肚 30 克，
大米 20 克，
豆豉、葱段、
姜片、盐各适量。

做法

①大米洗净，浸泡 30 分钟，备用；羊肚切小块。
②锅内放入葱段、姜片、豆豉，用清水煮沸。
③放入大米，至大米完全熟透后，放入羊肚块。
④出锅时放入盐调味即可。

营养功效：豆豉为大豆发酵后的制品，其中的蛋白质更易被消化吸收，配合羊肚熬成粥，味道鲜美，可为哺乳妈妈补充多种营养素。

乌鸡白凤汤

黑芝麻花生粥

搭配

乌鸡白凤汤 1 份 + 芹菜炒木耳 1 份 + 米饭 1 碗

搭配

黑芝麻花生粥 1 份 + 青椒土豆丝 1 份
+ 馅饼 1 个

原料	做法
乌鸡 1 只， 白凤尾菇 50 克， 葱段、姜片、 盐各适量。	①将乌鸡块洗净；白凤尾菇洗净，撕小朵。 ②锅中加入清水煮沸，放入乌鸡块，加入葱段、姜片，用小火焖煮至酥软。 ③放入白凤尾菇，煮沸几分钟，加入盐调味即可。

原料	做法
黑芝麻 20 克， 花生 20 克， 大米 50 克， 冰糖适量。	①大米洗净，用清水浸泡30 分钟，备用。 ②黑芝麻炒香；花生洗净。 ③将大米、黑芝麻、花生一同放入锅内，加清水大火煮沸后，转小火煮至大米熟透，出锅时加入冰糖即可。

营养功效：乌鸡可以滋补肝肾、益气补血、滋阴清热、调经活血，对产后妈妈的气虚、血虚、脾虚、肾虚等有良好功效。

营养功效：黑芝麻通乳润肠，搭配花生，不仅能补充身体所需营养，还能改善血液循环，促进新陈代谢。

非哺乳妈妈在补虚的同时不要忘了补血，同时还要适当吃些水果，补充全面的营养。

非哺乳妈妈这样吃

第 25 天吃什么

1. 适量吃一些菠菜、猪肝、乌鸡、虾仁等含铁丰富的食物，有助补血；

2. 不要吃冰镇过的水果，可以将水果在温开水里泡一下，或者煮熟后再食用；尽量少吃或不吃性寒凉的水果，如西瓜、柿子等。

养护关键点

* 不吃油炸食物

* 膳食要均衡

* 吃 200～250 克水果

早餐

猪肝菠菜粥

搭配

猪肝菠菜粥 1 碗 + 花卷 1 个 + 樱桃 5 个

原料	做法
大米、猪肝各 30 克，菠菜 50 克，盐、姜丝、葱花各适量。	①大米淘洗干净，浸泡半小时后捞出沥干；猪肝洗净，切成薄片；菠菜洗净，切段。②锅内倒入适量清水，放入大米，用大火煮沸，然后改用小火煮成粥。③放入猪肝、菠菜、姜丝、葱花，加盐调好味，继续煮至猪肝熟透即可。

营养功效：这是一份补肝、明目、养血的粥品。此粥含有大量的胡萝卜素和铁，可以改善非哺乳妈妈缺铁性贫血。

麻油鸡

搭配

麻油鸡 1 份 + 蘑菇瘦肉豆腐羹 1 份 + 米饭 1 碗

原料

鸡肉 100 克，
芝麻油 30 克，
姜片、盐各适量。

做法

①鸡肉洗净，切块。

②锅中倒入芝麻油，小火加热后爆香姜片，转大火，放入鸡块炒至七分熟。

③将适量水从四周往中间淋入锅中，盖上锅盖煮沸后，转小火继续煮 30~40 分钟，加盐调味即可。

营养功效：麻油鸡不仅可以补气养血，还有助于开胃，此类温和的滋补菜肴非常适合产后体寒乏力的妈妈食用。

黄花鱼豆腐煲

搭配

黄花鱼豆腐煲 1 份 + 苦瓜煎蛋 1 份 + 杂粮饭 1 碗

原料

黄花鱼 1 条，
水发香菇 4 朵，
春笋 20 克，
豆腐 1 块，
高汤、酱油、
盐、白糖、
香油、水淀粉各适量。

做法

①收拾好的黄花鱼洗净，切成两段，放在碗中，加酱油浸渍一下；豆腐洗净切小块；水发香菇切片；春笋洗净切片。

②黄花鱼放入锅中，煎至两面结皮、色金黄时，加酱油、白糖、春笋片、香菇片、高汤烧沸，放入豆腐，转小火，加盐调味，炖至熟透，用水淀粉勾芡，淋入香油即可。

营养功效：黄鱼含有丰富的蛋白质和 B 族维生素，有健脾养胃的功效，对贫血、失眠、头晕、食欲不振和产后体虚有很好的补益作用。

哺乳妈妈在恢复体力的同时，也不能忘了通乳，从而保证宝宝的口粮，让自己和宝宝都健健康康。

产后第 26 天
哺乳妈妈这样吃

第 26 天吃什么

1. 补血应该注重吃红肉，红肉中15~35% 的铁元素可以被人体吸收，高于蔬菜中铁元素的吸收率；

2. 促进泌乳的食材有豌豆、猪肝等，哺乳妈妈可适量选择食用。

养护关键点

＊ 保持室内温度、湿度

＊ 睡前 1 杯牛奶

＊ 适当按摩乳房

黄芪橘皮红糖粥

搭配

黄芪橘皮红糖粥 1 份 + 奶香馒头 1 个 + 柚子 1 块

原料

黄芪 10 克，
大米 30 克，
橘皮 20 克，
红糖少许。

做法

①黄芪洗净，煎煮取汁；橘皮洗净，切细条；大米洗净。

②将大米放入锅中，加入煎煮黄芪的汁液和适量清水，熬煮至七成熟。

③将准备好的橘皮放入粥中，同煮至熟，加红糖调匀即可。

营养功效：橘皮理气健胃，红糖温中补虚、活血化瘀，黄芪是补气的良药。

鹌鹑蛋竹荪汤

搭配

鹌鹑蛋竹荪汤 1 份 + 芦笋牛肉 1 份
+ 米饭 1 碗

原料	做法
竹荪 5 克， 鹌鹑蛋 5 颗， 盐、葱花、 香菜段各适量。	①竹荪洗净，用清水泡发，备用。 ②鹌鹑蛋洗净，冷水入锅，小火煮沸后，焖5分钟，捞出，去壳。 ③锅中倒入适量油烧热，爆香葱花，倒入适量水，放入竹荪、鹌鹑蛋，大火煮开，煲 15 分钟，调入盐，点缀香菜段即可。

营养功效：这道菜既能美颜瘦身又能提高免疫力，还可促进乳汁分泌。

豌豆猪肝汤

搭配

豌豆猪肝汤 1 碗 + 青菜鸡蛋面 1 碗 + 苹果 1 个

原料	做法
豌豆 150 克， 猪肝 100 克， 姜片、盐各适量。	①猪肝洗净，去筋膜，切成片；豌豆洗净。 ②锅中加水烧沸后放入猪肝、豌豆、姜片一起煮半小时。 ③待熟后，加盐调味即可。

营养功效：豌豆富含碳水化合物和膳食纤维，以及 B 族维生素等成分，可以提高产后妈妈的抗病能力和康复能力，对乳汁不通也有调节作用。

非哺乳妈妈可以吃一些含有膳食纤维的食物，以防止便秘，从而加速排毒，恢复身体。

非哺乳妈妈这样吃

第 26 天吃什么

1. 非哺乳妈妈可适量吃些富含膳食纤维和 B 族维生素的粗粮，如燕麦、玉米、小米、红薯等；

2. 若单一食用红薯时，可以吃些小拌菜。这样可以减少胃酸，减轻和消除肠胃的不适感。

养护关键点

* 不宜饥饱不一
* 尽量不吃夜宵
* 不要熬夜

早餐

红豆冬瓜粥

搭配

红豆冬瓜粥 1 碗 + 葱花饼 1 个 + 火龙果 1 个

原料

大米 30 克，
红豆 20 克，
冬瓜、白糖各适量。

做法

①红豆和大米分别洗净，泡发；冬瓜去皮，切片。

②在锅中加适量清水，用大火烧沸后，放入红豆和大米，至红豆开裂，加入冬瓜同煮。

③熬至冬瓜呈透明状，加白糖即可。

营养功效：红豆含有较多的膳食纤维，具有润肠通便、降血压、降血脂、调节血糖等功效。

茄子炒牛肉

搭配

茄子炒牛肉 1 份 + 菠菜丸子汤 1 份 + 米饭 1 碗

原料

熟牛肉 100 克，
茄子 150 克，
水淀粉、葱花、
盐各适量。

做法

①将熟牛肉切成小片；茄子洗净，切片。

②将茄子放入锅中煸炒，将熟时放入牛肉片。

③炒一会儿后撒下葱花，加盐调味炒熟，加水淀粉勾芡即可。

营养功效： 这道茄子炒牛肉荤素搭配，美味可口，而且富含维生素和优质蛋白质及多种矿物质。

红薯饼

搭配

红薯饼 1 个 + 青椒土豆丝 1 份 + 银耳桂圆汤 1 碗

原料

红薯 1 个，
糯米粉 50 克，
豆沙、蜜枣、
白糖、葡萄干各适量。

做法

①红薯洗净，煮熟，捣碎后加入糯米粉和匀成红薯面。

②葡萄干用清水泡后沥干水分，加蜜枣、豆沙、白糖拌匀后做馅。

③红薯面揉成丸子状，压扁后包馅，做成饼状。

④锅内放油烧热，放入包好的饼煎至两面金黄熟透。

营养功效： 红薯含有丰富的淀粉、膳食纤维、多种维生素等成分，能帮助产后妈妈补充多种营养，还能防止产后便秘。

妈妈的身体恢复得越来越好，但此时还不是大力减肥的时候，还需进一步增强体质，全面补充营养。

产后第 27 天
哺乳妈妈这样吃

第 27 天吃什么

1. 定时进餐，这样有利于脾胃功能的正常运作，有助于人体气血充盈协调，而且能增强肠胃消化、吸收功能；

2. 多吃豆类、小麦面包等食材可以帮助缓解疲劳，使妈妈的身体得到更好的休养。

养护关键点

* 忌烟酒

* 经常伸展腰背

* 不宜饥饿时哺乳

鸡蓉豆腐球

搭配
鸡蓉豆腐球 1 份 + 小麦面包 2 片 + 煮鸡蛋 1 个

原料	做法
鸡胸肉 60 克，豆腐 100 克，胡萝卜适量。	① 鸡胸肉、豆腐洗净，剁成泥；胡萝卜洗净，切末，放在一起搅拌均匀，待用。 ② 将混合泥捏成小球，放入沸水锅中隔水蒸 20 分钟左右，即可。

营养功效：豆腐中的植物蛋白可及时补充身体损失的热量，有助于消除妈妈的疲劳感，恢复体力。

清炖鲫鱼

搭配

清炖鲫鱼 1 份 + 胡萝卜炒豌豆 1 份 + 米饭 1 碗

原料

鲫鱼 1 条，
大白菜 100 克，
豆腐 50 克，
火腿碎、姜片、
葱末、盐各适量。

做法

①处理好的鲫鱼洗净后，放入锅中加油煎炸至两面微黄，放入姜片，加适量清水煮开。

②大白菜洗净切块，豆腐洗净切成小块。

③将大白菜、豆腐块放入鲫鱼汤中，中火煮熟后，加盐调味，撒上火腿碎、葱末即可。

营养功效：这道菜在促进乳汁分泌的同时还能提供大量维生素和膳食纤维，非常适合哺乳妈妈食用。

青椒炒鳝段

搭配

青椒炒鳝段 1 份 + 清炒藕片 1 份 + 香蕉 1 根

原料

鳝鱼、青椒各 200 克，蒜
蓉、姜丝、
料酒、酱油、
盐各适量。

做法

①鳝鱼洗净切段，加盐、料酒腌 10 分钟左右；青椒洗净，去子，切成滚刀块，待用。

②油锅烧热，爆香姜丝，倒入鳝鱼段翻炒约 30 秒，盛出备用。

③蒜蓉炝锅，依次放青椒块、鳝鱼段炒熟，加料酒、酱油、盐，翻炒入味，即可。

营养功效：青椒炒鳝段能提高免疫力，有很强的补益作用，特别是对身体虚弱的产后妈妈补益效果更为明显。

孕期中，胎儿靠吸收孕妈妈体内的钙发育长大，所以产后妈妈应注意补充钙质，适当吃一些补钙食物，对身体非常有益。

非哺乳妈妈这样吃

第 27 天吃什么

适当多食用谷物和豆类，可将谷物和豆类熬成软饭或粥或汤来食用，不仅能提供充足的热量，还有利于补充 B 族维生素。

养护关键点

* 适当进行锻炼

* 护理好膝盖

* 衣服保持干爽

油菜豆腐汤

搭配

油菜豆腐汤 1 份 + 煮鹌鹑蛋 4 个 + 猪肉包 1 个

原料

豆腐 50 克，
油菜 1 棵，
胡萝卜半根，
葱花、高汤、盐、
香油各适量。

做法

① 油菜掰开洗净，切成段；豆腐洗净，切成块；胡萝卜洗净，切丝。

② 油锅烧热，放入葱花爆香，下入胡萝卜丝翻炒至熟，加入适量高汤大火煮沸。

③ 放入豆腐块烧至浮起，放入油菜段煮熟，加盐、香油调味即可。

营养功效：豆腐含有优质植物蛋白、钙及维生素，有补钙、生肌、润肠胃的功效。

冬瓜莲藕猪骨汤

搭配

冬瓜莲藕猪骨汤 1 份 + 彩椒炒腐竹 1 份
+ 五谷饭 1 碗

原料

猪脊骨 300 克，
冬瓜 150 克，
莲藕 50 克，
酱油、葱花、
姜片、盐、
香菜叶各适量。

做法

①猪脊骨洗净，用酱油、部分姜片、盐腌制 20 分钟。
②冬瓜去皮去子，洗净切片；莲藕洗净，去皮切成块。
③锅中下葱花爆香，连汁带猪脊骨一起煸炒。待猪脊骨上的肉色稍变后加入姜片、清水，煮熟。
④撇去浮沫，下莲藕，焖 10 分钟后放入冬瓜，加盐调味，熟后撒上香菜叶即可。

营养功效：冬瓜利尿消水肿，莲藕健脾益气，猪骨富含蛋白质和钙质。

虾米炒芹菜

搭配

虾米炒芹菜 1 份 + 鱼丸菠菜汤 1 份 + 米饭 1 碗

原料

虾米 10 克，
芹菜 40 克，
酱油、盐各适量。

做法

①虾米洗净，用温水泡发；芹菜洗净，切段。
②油锅烧热，下芹菜段快炒，并放入泡发的虾米、酱油，用大火快炒几下加盐调味即可。

营养功效：芹菜中的生物碱有镇静作用，妈妈食用后可安神、除烦，有助于妈妈静心休息。

经过近 4 周的滋补与调养，哺乳妈妈体虚的症状得到了明显改善。但此时还不是减肥的时候，还需进一步增强体质。

产后第 28 天
哺乳妈妈这样吃

第28天吃什么

1.定时、定量进餐，保证全面补充营养；

2.可吃一些水果、蔬菜、鱼虾类来增加营养，既可以平衡膳食，又利于肌肤的保养；

3.妈妈如出现疲倦乏力、易出汗、头晕心悸、食欲不振等气虚表现，可吃一些猪肉补虚健体。

养护关键点

* 不挑食，不偏食

* 生气时不哺乳

* 哺乳期用药需谨慎

早餐
银耳羹

搭配

银耳羹 1 份 + 煎鸡蛋 1 个 + 苹果 1 个

原料

银耳 20 克，黄桃、草莓、冰糖、淀粉、核桃仁各适量。

做法

①草莓洗净；黄桃切块；银耳撕碎。

②将银耳放入锅中，加适量清水，用大火烧开，转小火煮 30 分钟，加入少许冰糖、淀粉，稍煮。

③加入黄桃块、草莓、核桃仁，稍煮即可。

营养功效：银耳富含可溶性膳食纤维，对宝宝和妈妈的健康都十分有益。银耳还富含硒等微量元素，可以增强妈妈的免疫力，帮助恢复体力。

木瓜烧带鱼

搭配

木瓜烧带鱼 1 份 + 三丁豆腐羹 1 份 + 米饭 1 碗

原料

带鱼段 100 克，
木瓜 50 克，
葱段、姜片、
醋、盐、
酱油各适量。

做法

①将处理好的带鱼段洗净；木瓜洗净，去皮、去子，切条。

②锅置火上，加入适量清水及带鱼段、葱段、姜片、醋、盐、酱油一同煲至八分熟。

③下入木瓜条继续炖至带鱼熟透即可。

营养功效：木瓜含有木瓜蛋白酶，有分解蛋白质的能力，鱼、肉等动物类食物可被它分解成人体易吸收的养分，能缓解妈妈脾胃虚弱、消化不良等症状。

木耳猪血汤

搭配

木耳猪血汤 1 份 + 爽口芥蓝 1 份 + 花卷 1 个

原料

猪血 100 克，
水发木耳 10 克，
盐适量。

做法

①猪血洗净，切块后余一下；木耳洗净后撕成小块。

②将猪血与木耳同放锅中，加适量水，用大火加热烧开。

③用小火炖至猪血块浮起，加盐调味即可。

营养功效：猪血有解毒清肠、补血美容的功效。另外，猪血富含铁，对产后妈妈贫血有改善作用，是排毒养颜的理想食物。

第四周就要结束了，非哺乳妈妈的身体恢复得差不多了，但是还不能做很剧烈的运动，体质上还需要调养。

非哺乳妈妈这样吃

第 28 天吃什么

1.谷物是碳水化合物、膳食纤维、B 族维生素的主要来源，而且是妈妈每日所需能量的主要来源，妈妈不宜为了减肥而不吃主食；

2.饮食上要选择清淡、易消化的食物，水果蔬菜都要适当食用。

养护关键点

* 运动时注意强度

* 不要猛蹲猛站

* 不喝碳酸饮料

排骨汤面

搭配

排骨汤面 1 碗 + 炒青菜 1 份

原料

猪排骨 50 克，面条、盐、葱段、姜片、白糖各适量。

做法

①猪排骨洗净切段。

②爆香葱段、姜片，放猪排骨、盐，炒至排骨变色，加适量水，大火烧沸。

③中火煨至排骨熟透，放入少许白糖。

④锅中放入面条煮熟即可。

营养功效：排骨汤面能提供能量和蛋白质，有助于非哺乳妈妈增强体质。

小鸡炖香菇

搭配

小鸡炖香菇 1 份 + 冬瓜虾米汤 1 份 + 米饭 1 碗

原料

童子鸡 300 克，
香菇 60 克，
葱段、姜片、
酱油、料酒、
盐各适量。

做法

① 童子鸡收拾干净，斩成小块；香菇洗净，划十字花刀，备用。

② 油锅烧热，放入鸡块翻炒至鸡肉变色，放入姜片、葱段、酱油、料酒、盐，加入适量水，待水煮沸后，放入香菇，中火煮至食材熟烂，即可。

营养功效：鸡肉、香菇含有丰富的蛋白质、钙等营养物质，可增强产后妈妈的免疫力。

西红柿山药粥

搭配

西红柿山药粥 1 份 + 清炒茭白 1 份
+ 牛肉饼 1 个

原料

西红柿 1 个，
山药 30 克，
大米 30 克，
盐适量。

做法

①山药洗净，切片；西红柿洗净，切块；大米洗净，备用。

②将大米、山药放入锅中，加适量水，用大火烧沸。

③再用小火煮至粥状，加入西红柿块，煮 10 分钟，加盐调味即可。

营养功效：西红柿和山药均是补益类的食物，具有健脾胃的功效，可辅助治疗脾虚食少等病症，是产后妈妈的滋补佳品。

第五章

产后第 5 周：提升元气

★妈妈的身体变化

乳房: 挤出多余乳汁

伤口: 基本恢复

胃肠: 慎吃含太多油脂的食物

子宫: 恢复到产前大小

恶露: 几乎排净, 正常分泌白带

★本周饮食重点: 滋养气血, 调整体质

✓ 进食红色蔬菜　　　✘ 过多摄取脂肪

✓ 补充维生素 B_1, 防脱发　　✘ 过量食用坚果

✓ 补充钙质　　　✘ 营养单一

本周推荐的8种
调体质食物

牛奶 保证母乳钙含量

牛奶营养丰富，人称"白色血液"，含有丰富的蛋白质，人体消化吸收率非常高。妈妈适当喝牛奶有助于保持母乳中钙含量的稳定性。

推荐食谱：

• 牛奶梨片粥（见第14页）

• 奶汁百合鲫鱼汤（见第89页）

• 奶香玉米饼（见第138页）

枸杞 滋肝补肾，益精明目

枸杞具有滋补肝肾、益精明目的功效，其主要有效成分为枸杞多糖，有调节人体免疫力、清除机体自由基、维护肾气旺盛的功能。

推荐食谱：

• 枸杞鲜鸡汤（见第52页）

• 红枣枸杞粥（见第70页）

• 冰糖枸杞炖肘子（见第135页）

燕麦 富含B族维生素

燕麦中维生素B_1、维生素B_2的含量都较高，有助于糖分、脂肪的代谢，对控制体重有很好的效果。

推荐食谱：

• 奶香麦片粥（见第58页）

• 红豆山药燕麦粥（见第106页）

• 燕麦南瓜粥（见第142页）

黑芝麻 养发生津，通乳润肠

芝麻味甘，是滋补保健佳品，富含维生素 B_1，具有养发、生津、通乳、润肠等功效，适用于身体虚弱、贫血萎黄、大便燥结、头晕耳鸣等症。

推荐食谱：

- 黑芝麻米糊（见第 86 页）
- 黑芝麻花生粥（见第 113 页）
- 山药黑芝麻羹（见第 136 页）

木耳 补铁补血，益气养颜

木耳含铁量丰富，能够预防产后贫血，还有益气、止血的功效。妈妈多食用木耳，还能够起到养血驻颜、护肤美容、抗衰老的作用。

推荐食谱：

- 益母草木耳汤（见第 27 页）
- 三丝木耳（见第 45 页）
- 木耳炒鸡蛋（见第 133 页）

菠菜 止血补血，调理肠胃

菠菜含有丰富的维生素 C、胡萝卜素、膳食纤维以及多种矿物质，可止渴润肠、补血止血，帮助妈妈调理肠胃功能，预防便秘。

推荐食谱：

- 西红柿菠菜面（见第 15 页）
- 牛肉炒菠菜（见第 103 页）
- 菠菜肉末粥（见第 140 页）

豌豆 补中益气，防止便秘

豌豆中的蛋白质含量丰富，并且含有人体所必需的多种氨基酸，常吃有助增强人体免疫功能。此外，豌豆富含膳食纤维，有清肠作用，防止便秘。

推荐食谱：

- 鸡丁炒豌豆（见第 49 页）
- 豌豆猪肝汤（见第 117 页）
- 豌豆鸡丝（见第 133 页）

乌鸡 补气虚，养身体

乌鸡中的氨基酸含量高于普通鸡肉，其维生素 B_2、维生素 E、铁、磷等含量也很高，有滋补肝肾、益气补血等功效，特别对妈妈产后的气虚、血虚、脾虚、肾虚等尤为有效。

推荐食谱：

- 乌鸡糯米粥（见第 25 页）
- 乌鸡白凤汤（见第 113 页）
- 生地乌鸡汤（见第 139 页）

妈妈应在一日三餐中加些清淡、营养丰富的汤和粥，搭配时令蔬菜一起食用，可促进妈妈身体恢复。

产后第 **29** 天
妈妈这样吃

田园蔬菜粥

搭配

田园蔬菜粥 1 份 + 肉夹馍 1 个 + 苹果 1 个

第 29 天吃什么

1. 汤类食物易于人体吸收蛋白质、维生素、矿物质等营养素，能提升乳汁质量，哺乳妈妈可以每天喝，但应做到不油腻；

2. 在保证营养均衡的基础上，可适当吃一些利于减肥的食物，如豌豆、魔芋、粗粮等，并应继续注重铁、钙、蛋白质的补充。

原料	做法
西蓝花、胡萝卜、芹菜茎各 30 克，大米 50 克，盐适量。	①西蓝花掰成小朵，洗净；胡萝卜洗净，去皮，切丁；芹菜茎洗净，切成 1 厘米长的小段；大米洗净，浸泡 30 分钟。 ②锅置火上，放入大米和适量水，大火烧开后转小火煮至大米开花，放胡萝卜丁、芹菜段、西蓝花继续熬煮；待食材熟透，加盐调味即可。

养护关键点

* 不宜空腹喝酸奶
* 早睡早起
* 睡前清洁皮肤

营养功效： 田园蔬菜粥可以帮助妈妈补充维生素，有助于预防、缓解便秘。

木耳炒鸡蛋

搭配

木耳炒鸡蛋 1 份 + 蘑菇瘦肉豆腐羹 1 份
+ 米饭 1 碗

原料

鸡蛋 2 个，
水发木耳 50 克，
葱花、香菜叶、
盐各适量。

做法

①将水发木耳洗净，沥水，
撕成小朵；鸡蛋打入碗内，
打散备用。

②油锅烧热，将鸡蛋液倒入，
炒熟后出锅备用。

③另起油锅，将木耳放入锅
内炒几下，再放入炒好的鸡
蛋，加入盐、葱花、香菜叶
调味即可。

营养功效：木耳含糖类、蛋白质、维生素和矿物质，有
益气强智、止血止痛、补血活血等功效，是产后贫血妈
妈重要的保健食物。

豌豆鸡丝

搭配

豌豆鸡丝 1 份 + 西红柿鸡蛋汤 1 份
+ 红豆饭 1 碗

原料

豌豆 100 克，
熟鸡丝 100 克，
蒜片、盐、高汤、
水淀粉各适量。

做法

①将豌豆洗净，放入开水
中焯熟，捞出控干水分，
备用。

②在锅中将蒜片爆香，放
入豌豆、鸡丝煸炒，再加
入盐和高汤烧沸。

③待豌豆、鸡丝入味后，
用水淀粉勾芡，翻炒均匀
即可。

营养功效：豌豆中碳水化合物含量丰富，还含有较多
的 B 族维生素及膳食纤维；鸡肉富含优质蛋白。二者搭
配味道鲜美，同时营养更均衡。

按体质进补是产后进补的重要原则。但无论什么体质，皆不宜食用生冷食物。温和且适量进补才是进补准则。

产后第 30 天
妈妈这样吃

第 30 天吃什么

1.体质较好、体形偏胖的妈妈，此时应减少肉类的摄取，多吃蔬果；

2.体质较差、体形偏瘦的妈妈，此时可适当增加肉类的摄入；

3.患有高血压、糖尿病的妈妈应多吃蔬菜、瘦肉等低热量、高营养的食物。

养护关键点

＊ 不要只吃一种主食

＊ 适当娱乐，放松心情

＊ 外出要防晒

鸡蛋软煎饼

搭配

鸡蛋软煎饼 1 份 + 二米粥 1 碗 + 香蕉 1 根

原料

鸡蛋 1 个，面粉 100 克，淀粉、葱花、盐各适量。

做法

①面粉、淀粉加盐，倒少量凉水搅拌成糊；鸡蛋打入糊中，加入葱花搅散。

②平底锅刷油，锅热后转小火，倒入 1 勺面糊，均匀摊开，一面凝固后翻面，待两面金黄时即可。

营养功效：香软的鸡蛋软煎饼能调动一天的好胃口。

冰糖枸杞炖肘子

搭配

冰糖枸杞炖肘子 1 份 + 芹菜炒土豆丝 1 份
+ 米饭 1 碗

原料

带皮猪肘肉 300 克，
枸杞、冰糖各适量。

做法

①将带皮猪肘肉洗净，下沸水余烫一下；枸杞洗净备用。

②将猪肘肉放入锅内，放入枸杞加水，大火烧开。

③用小火慢炖至猪肘肉熟烂，加入冰糖，待冰糖化开关火即可。

营养功效：猪肘肉含有丰富的蛋白质和脂肪，和枸杞同食，有活血补血、通乳、健体的作用。

菠菜板栗鸡汤

搭配

菠菜板栗鸡汤 1 份 + 花卷 1 个

原料

鸡翅 150 克，
板栗 50 克，
菠菜 100 克，
蒜片、姜片、盐、
酱油各适量。

做法

①鸡翅洗净，汆透；板栗煮熟后剥壳去皮取肉。

②菠菜洗净，切段，放入沸水中焯一下，捞出沥干水分。

③将姜片、蒜片放入油锅中爆香，放入鸡翅、板栗，倒入酱油，炒至鸡翅上色，倒入适量清水煮开。

④用小火焖至鸡翅、板栗熟烂后放入菠菜，加盐稍煮几分钟即可。

营养功效：板栗能供给人体较多的热量，并能帮助脂肪代谢，具有益气健脾、厚补胃肠的作用。

已经进补一个月了，此时，产后妈妈可选择少油、少糖、少脂肪的食物，减少肉类的摄入，以防止产后肥胖。

产后第 31 天
妈妈这样吃

●●●●●●●●●●●●●●●●●●●●●

第 31 天吃什么

1.遵循食物品种多样化的原则，可以用五色食材进行搭配，即黑、绿、红、黄、白五种颜色的食材尽量都要吃到，既增加食欲，又均衡营养；

2.不要依靠服用营养品来代替饭菜，要真正做到科学、健康地进补。

养护关键点

＊ 保证身体内外暖暖的

＊ 两餐之间吃点水果

＊ 更换不合适的内衣

山药黑芝麻羹

搭配

山药黑芝麻羹 1 份 + 煮鹌鹑蛋 4 个 + 土豆饼 1 块

原料

山药 50 克，
黑芝麻 20 克，
白糖适量。

做法

① 黑芝麻放入锅内炒香，研磨成粉；山药洗净，去皮切块，上锅蒸熟，取出捣成泥。

② 锅内加入适量清水，烧沸后将黑芝麻粉和山药泥加入锅内不断搅拌成糊，放入白糖调味，继续煮 5 分钟即可。

营养功效：山药黑芝麻羹有益肝、补肾、养血、健脾、助消化的作用，是极佳的保健食品，而且山药黑芝麻羹具有美容乌发的功效。

胡萝卜炖牛肉

搭配

胡萝卜炖牛肉 1 份 + 什锦西蓝花 1 份 + 米饭 1 碗

原料

牛肉 350 克，
胡萝卜块 60 克，
葱丝、姜末、蒜末、
酱油、番茄酱、醋、
料酒、盐各适量。

做法

① 牛肉洗净，切小块，放入冷水锅中，淋入料酒，水烧开撇去浮沫，余 10 分钟，捞出，备用。

② 油锅烧热，放入牛肉块翻炒，倒入酱油、料酒、醋，翻炒片刻，之后放入胡萝卜块、番茄酱翻炒。

③ 加适量热水、葱丝、姜末、蒜末，转小火炖煮收汁，最后加盐调味，即可。

营养功效：此菜可增强产后妈妈的免疫力，还能保护视力。

西红柿鸡片

搭配

西红柿鸡片 1 份 + 蒜香荷兰豆 1 份
+ 奶酪洋葱饼 1 份

原料

鸡脯肉 100 克，
荸荠 20 克，
鸡蛋 1 个，
西红柿 1 个，
淀粉、盐、
白糖各适量。

做法

①取鸡蛋清；将鸡脯肉洗净，切成薄片，放入碗中，加入盐、适量鸡蛋清和淀粉腌制，备用。

②荸荠洗净，切成薄片；西红柿洗净，切丁。

③锅中放入鸡片，大火炒至变白后盛出；另起油锅，放入荸荠片、盐、白糖、西红柿，加清水，大火烧开，用淀粉勾芡，最后倒入鸡片翻炒均匀即可。

营养功效：西红柿有健胃消食的功效，可以提高妈妈的食欲。此外，鸡肉有强身健骨的作用，帮助妈妈滋补身体。

面色变黄、乳房下垂成了一些妈妈心中的痛，此时可以通过饮食来调理一下。

产后第 32 天
妈妈这样吃

第 32 天吃什么

1. 在营养全面的基础上，增加维生素和膳食纤维的摄入量，多吃蔬菜、水果；

2. 吃些猪蹄粥来补充胶原蛋白，预防、缓解乳房下垂。

养护关键点

* 哺乳妈妈要及时排空乳房
* 适量进行胸部锻炼
* 喝温开水

奶香玉米饼

搭配

奶香玉米饼 1 块 + 煮鸡蛋 1 个 + 豆浆 1 杯

原料

面粉、玉米粒各 100 克，鸡蛋 2 个，奶油 20 克，盐适量。

做法

①鸡蛋打入碗中，取蛋黄备用。

②将玉米粒、面粉、蛋黄、奶油、适量盐倒入大碗中，搅拌成糊状。

③油锅烧热，倒入面糊，小火摊成饼状，至饼两面呈金黄色。

营养功效：玉米的胚芽可增强人体新陈代谢，能起到使皮肤细嫩光滑，抑制、延缓皱纹产生的作用。

猪蹄粥

搭配

猪蹄粥 1 份 + 海带烧肉 1 份 + 素包子 1 个

原料

猪蹄 60 克，
大米 50 克，
花生仁 10 颗，
葱段、姜片、
盐各适量。

做法

①猪蹄洗净切成小块，在开水锅内氽烫一下，撇去血沫；大米、花生仁分别洗净，浸泡 30 分钟。

②砂锅加水，放猪蹄块、姜片、葱段煮开，转小火继续熬煮 1 小时。

③再放入泡好的大米、花生仁，熬煮 1 小时。

④待猪蹄熟透，米烂粥稠后加盐调味即可。

营养功效：猪蹄含有丰富的胶原蛋白，可增强皮肤弹性和韧性。

生地乌鸡汤

搭配

生地乌鸡汤 1 份 + 香菇炒鸡蛋 1 份
+ 燕麦粥 1 碗

原料

乌鸡 1 只，
生地 20 克，
姜片、盐、
白糖各适量。

做法

①将乌鸡洗净；生地洗净后切片，用白糖拌匀。

②锅内加适量清水，放入乌鸡、生地、姜片，大火煮开，改用小火炖至乌鸡肉熟烂。

③汤成后，加入适量盐调味即可。

营养功效：乌鸡可以为妈妈补血补铁，而且其肉鲜嫩易消化，即使胃肠功能不佳的妈妈也可以食用。

松软的肚子、细小的皱纹让人焦虑，
其实能通过适量的锻炼和按摩，配合
口味清淡、营养均衡的饮食进行调节。

产后第 33 天
妈妈这样吃

第 33 天吃什么

1. 合理搭配蔬菜和肉类，再喝一些营养汤
粥，就能满足自身和宝宝的需要；

2. 不要忘记补血，同时谨防便秘。

养护关键点

* 进行骨盆恢复锻炼

* 好好休息，促进新陈代谢

* 不宜全素食

早餐

菠菜肉末粥

搭配

菠菜肉末粥 1 份 + 煮鸡蛋 1 个

原料

大米 30 克，

菠菜 50 克，

猪肉末 20 克，

盐、葱花各适量。

做法

①大米洗净，放入锅内，加适量水，大火烧开后转中小火熬至稀粥状；菠菜洗净切碎备用。

②在油锅中将葱花爆香，放入肉末翻炒。

③待肉末变色，加盐再翻炒几下，待熟后放入粥中，搅匀，放入菠菜碎，烧煮片刻即可。

营养功效： 菠菜中含有丰富的铁和叶酸，可帮助妈妈补血，还可以提高乳汁质量，让宝宝更聪明、更健康。

鸡丝腐竹拌黄瓜

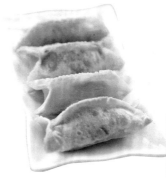

搭配

鸡丝腐竹拌黄瓜1份 + 蔬菜营养汤1份
+ 米饭1碗

原料	做法
鸡胸肉1块，腐竹20克，黄瓜半根，葱段、姜片、蒜末、盐、香油各适量。	①鸡胸肉洗净；腐竹用温水泡开，切段；黄瓜洗净切片。 ②在锅中放入适量清水，放进葱段和姜片；水沸后把鸡肉放入锅中，焯熟，冷却后用手撕成细丝。 ③将腐竹、黄瓜片、鸡丝放入盘中，放入蒜末、盐、香油拌匀即可。

营养功效：腐竹具有良好的健脑作用；黄瓜含有丰富的维生素E，可起到抗衰老的作用。鸡丝腐竹拌黄瓜既爽口，又能有效地促进新陈代谢。

白菜猪肉锅贴

搭配

白菜猪肉锅贴8个 + 黄花菜鸡汤1份

原料	做法
大白菜500克，猪肉馅200克，饺子皮、葱末、姜末、生抽、盐各适量。	①大白菜洗净，切碎；猪肉馅用生抽和盐腌好，加一点油搅拌至黏稠，加入葱末和姜末搅匀。 ②猪肉馅和白菜碎拌均匀，包入饺子皮做成锅贴。 ③平底锅刷油，锅热后转小火，将锅贴摆入锅中，盖盖儿，锅贴底部将熟时加少许凉水，再盖盖儿，煎至锅贴底部焦黄时即可。

营养功效：大白菜能为妈妈补充维生素和矿物质，和猪肉同食，还能补充蛋白质和脂肪。

很多妈妈会忽略对糖分的摄入量，其实多余糖分会被转化为脂肪，储存在身体中，使妈妈长胖。

产后第 34 天
妈妈这样吃

第 34 天吃什么

1. 多吃些富含维生素 B_1 的食物，不仅能促进糖分代谢，还能有效防脱发；

2. 注意补钙，以保证自己和宝宝骨骼的健康。

养护关键点

* 不要让宝宝含着乳头睡
* 收肛提气法能有效改善阴道松弛
* 不可过度节食

燕麦南瓜粥

搭配

燕麦南瓜粥 1 份 + 煮鸡蛋 1 个 + 奶香馒头 1 个

原料

免煮燕麦片 20 克，大米、南瓜各 30 克，盐适量。

做法

①南瓜洗净削皮，切成小块；大米洗净，浸泡半小时。

②大米加适量水，大火煮沸后换小火煮 20 分钟。

③然后放入南瓜块，继续用小火煮 10 分钟。

④熄火后，加入盐、燕麦片拌匀即可。

营养功效： 燕麦是很好的瘦身食材，其中维生素 B_1、维生素 B_2 的含量都较高，有助于促进糖分、脂肪的代谢。

海带豆腐骨头汤

搭配

海带豆腐骨头汤 1 份 + 芹菜炒香菇 1 份
+ 米饭 1 碗

原料

猪棒骨 300 克，
海带片 50 克，
豆腐 100 克，
去蒂鲜香菇 3 朵，
葱段、姜片、
盐各适量。

做法

①猪棒骨洗净；香菇洗净，
切花刀；海带片洗净；豆腐
洗净，切块。

②将猪棒骨、香菇、葱段、
姜片、清水放入锅中，大火
煮沸后撇去浮沫；加入豆腐、
海带继续煮。

③改小火炖至棒骨上肉快熟
时，加入盐即可。

营养功效： 海带和豆腐都是富含钙质的食物，加上骨头炖汤使此汤补钙壮骨功效更好。

莲子芡实粥

搭配

莲子芡实粥 1 碗 + 豆角烧茄子 1 份 + 煮玉米 1/3 个

原料

大米 50 克，
莲子 20 克，
核桃仁、芡实各 10 克。

做法

①将大米、莲子、核桃
仁、芡实洗净，浸泡水中
2 小时。

②把莲子、核桃仁、芡实
和大米一同倒入锅中，加
适量水，以小火熬煮成粥
即可。

营养功效： 莲子养心安神，还有清火的作用，和芡实一同食用有助于妈妈调养恢复。

过度节食会使体内脂肪摄入量和存储量不足，最终使脑细胞受损严重，将直接影响妈妈的记忆力，使妈妈变得越来越健忘。

产后第 35 天
妈妈这样吃

• • • • • • • • • • • • • • • •

第 35 天吃什么

1. 哺乳妈妈可以考虑用食物替换的方法，在不影响哺乳的基础上减重，用低热量、低油脂的食物代替高热量、高油脂的食物；

2. 非哺乳妈妈的饮食已过渡到正常饮食，但与家人共餐时，可适当选择多吃粗粮、蔬菜，少吃肥肉，这样才利于控制体重。

养护关键点

* 休息好，睡眠足

* 适度运动，提振精神

* 多吃健脑食物

红枣大米粥

搭配

红枣大米粥 1 份 + 煮鸡蛋 1 个 + 土豆饼 1 个

原料	做法
大米 30 克，红枣 8 颗。	①红枣洗净，取出枣核，枣肉备用；大米洗净，用清水浸泡 30 分钟，备用。 ②将大米、红枣放入锅内，小火煮成粥即可。

营养功效：红枣有补血安神的作用，能强壮身体，延缓衰老，适合产后妈妈食用。

三色补血汤

搭配

三色补血汤 1 份 + 宫保鸡丁 1 份
+ 玉米面发糕 1 块

原料

南瓜 50 克，
银耳、莲子各 10 克，
红枣 5 颗，
红糖适量。

做法

①南瓜洗净，去子，带皮切成滚刀块。

②莲子洗净；红枣洗净备用；银耳泡发后，撕成小朵，去除根蒂。

③将南瓜块、莲子、红枣、泡发银耳和红糖一起放入砂锅中，再加入适量温水，大火烧开后转小火慢慢煲煮约 30 分钟，将南瓜煲煮至熟烂即可。

营养功效：此汤清热补血、养心安神，是产后妈妈补血养颜的佳品。

核桃百合粥

搭配

核桃百合粥 1 碗 + 香菇肉片 1 份

原料

核桃仁、鲜百合各 20 克，
黑芝麻 10 克，
大米 50 克。

做法

①鲜百合洗净，掰成瓣；大米洗净，用清水浸泡 30 分钟，备用。

②将大米、核桃仁、百合、黑芝麻一起放入锅中，加适量清水，用大火煮沸。

③改用小火继续煮至大米熟透即可。

营养功效：此粥既能强健身体，又能抗衰老。核桃有补血养气、润燥通便等功效；百合能够清心安神，帮助妈妈缓解疲劳。

第六章

产后第 6 周: 瘦身养颜

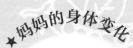

★妈妈的身体变化

乳房: 防止下垂

伤口: 无痛感

胃肠: 适应产后饮食

恶露: 完全消失, 可能开始来月经

子宫: 恢复正常

★本周饮食重点: 排毒养颜, 美白肌肤

✓ 多食有助于养颜的食物

✗ 贫血时瘦身

✓ 带皮吃蔬果, 瘦身又排毒

✗ 过分节食减肥

✓ 吃富含膳食纤维、B 族维生素的食物

✗ 用膳食补充剂代替正常食物

本周推荐的8种
助瘦身食物

糙米 消积食，去水肿

由于糙米保留了米糠，因此含丰富的膳食纤维，有助于排毒便，清除肠道毒素，有预防大肠的作用。同时糙米还有助于减肥

推荐食谱：

• 黄花菜糙米粥（见第 73 页）

• 香菇鸡肉糙米粥（见第 88 页）

• 糙米红薯南瓜粥（见第 150 页）

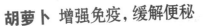

胡萝卜 增强免疫，缓解便秘

胡萝卜中的胡萝卜素、铁元素有造血功能，能帮助妈妈迅速恢复体力；丰富的维生素含量有助增强免疫力；另外，胡萝卜含有丰富的膳食纤维，能有效缓解产后妈妈的便秘症状。

推荐食谱：

• 羊肝胡萝卜粥（见第 110 页）

• 玉米胡萝卜粥（见第 158 页）

• 胡萝卜炒豌豆（见第 163 页）

茭白 热量低，助瘦身

茭白含碳水化合物、蛋白质、维生素 B_1、维生素 B_2 及多种矿物质，有催乳、解烦躁的功效。另外，茭白水分高、热量低，吃后有饱腹感，是妈妈瘦身的理想食材。

推荐食谱：

• 茭白炒肉丝（见第 89 页）

• 茭白炖排骨（见第 153 页）

• 芹菜茭白汤（见第 159 页）

丝瓜 美白肌肤抗老化

丝瓜具有通经络、活血的功效，含有蛋白质、钙、锌等多种营养素。而且，丝瓜含有防止皮肤老化的 B 族维生素、美白皮肤的维生素 C 等成分，能淡化色斑，使皮肤洁白、细嫩。

推荐食谱：

• 鱼肉丝瓜汤（见第 29 页）

• 丝瓜鱼头豆腐汤（见第 87 页）

• 丝瓜粥（见第 152 页）

竹荪 减少腹壁脂肪堆积

竹荪洁白、细嫩、爽口，味道鲜美，营养丰富，能降低体内胆固醇，减少腹壁脂肪的堆积。妈妈吃了既能补营养，又没有脂肪堆积的困扰。

推荐食谱：

• 鹌鹑蛋竹荪汤（见第 117 页）

• 木瓜竹荪炖排骨（见第 155 页）

• 竹荪红枣茶（见第 164 页）

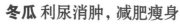

冬瓜 利尿消肿，减肥瘦身

冬瓜利尿消肿，生津止渴；冬瓜中所含的丙醇二酸，能有效地抑制糖类转化为脂肪，起到减肥瘦身的作用，还能提高奶水的质量。

推荐食谱：

• 干贝冬瓜汤（见第 20 页）

• 冬瓜海带排骨汤（见第 63 页）

• 冬瓜丸子汤（见第 151 页）

白菜 预防便秘，护肤养颜

白菜含有丰富的膳食纤维，能促进肠蠕动，帮助消化，预防产后便秘。另外，大白菜还含有丰富的维生素 C、维生素 E，多吃白菜，可以起到很好的护肤和养颜效果。

推荐食谱：

• 白菜猪肉锅贴（见第 141 页）

• 大白菜烧蛋饺（见第 155 页）

• 板栗扒白菜（见第 157 页）

银耳 淡斑美颜助瘦身

银耳富含天然植物性胶质、膳食纤维等营养成分，可淡化脸部的黄褐斑、雀斑，还可助肠胃蠕动，减少脂肪吸收。银耳中含有的维生素 D，还能防止妈妈体内的钙流失。

推荐食谱：

• 牛奶银耳小米粥（见第 36 页）

• 银耳羹（见第 124 页）

• 银耳樱桃粥（见第 154 页）

产后第6周，妈妈该重视产后瘦身了，所以饮食宜以低脂肪且富含膳食纤维的食物为主，好为瘦身做准备。

产后第 36 天
妈妈这样吃

第 36 天吃什么

1.注重食物的质量，少食用高脂肪、高蛋白、不易消化的食物，以便瘦身；

2.多食用豆腐、冬瓜等营养丰富而又少脂肪的食物，多吃水果；

3.糙米富含膳食纤维，能改善便秘，但口感较差，妈妈可以混着大米煮粥食用。

养护关键点

* 少吃高热量食物
* 肌肉酸痛时可用热敷和按摩来治疗
* 制订一份瘦身计划

糙米红薯南瓜粥

搭配

糙米红薯南瓜粥 1 份 + 猪肉包 1 个 + 煮鸡蛋 1 个

原料

糙米 80 克，红薯、南瓜各 50 克。

做法

① 红薯洗净去皮，切成块；南瓜洗净，去皮、去瓤，切块；糙米洗净，浸泡 1 小时。

② 糙米、红薯块、南瓜块一同放入锅内，加适量清水，大火煮沸，转小火煮至粥稠即可。

营养功效：糙米容易让人产生饱腹感，有利于控制食量；红薯富含膳食纤维，能调节肠内菌群，预防便秘。

藕拌黄花菜

搭配

藕拌黄花菜 1 份 + 芙蓉鲫鱼 1 份 + 米饭 1 碗

原料

莲藕 150 克，
黄花菜 30 克，
盐、葱花、高汤、
水淀粉各适量。

做法

①将莲藕洗净削皮，切片，放入开水锅中焯一下，捞出过凉水，沥干备用。

②黄花菜用冷水泡后，洗净，沥干。

③锅中下葱花爆香，然后放入黄花菜煸炒，加入盐、高汤，炒至黄花菜熟透。

④用水淀粉勾芡后出锅。

⑤将藕片与黄花菜略拌即可。

营养功效： 黄花菜含有丰富的膳食纤维，能够促进胃肠蠕动，有助于产后妈妈减小肚腩。

冬瓜丸子汤

搭配

冬瓜丸子汤 1 份 + 西红柿炒蛋 1 份
+ 千层饼 1 块

原料

猪肉末、冬瓜各 100 克，
鸡蛋 1 个（取蛋清），
姜末、盐、
香菜、香油各适量。

做法

①冬瓜洗净削皮，切成薄片；香菜洗净切段；肉末放入碗中，加入蛋清、姜末、盐，搅拌均匀。

②锅中加水烧开，调小火，把肉馅挤成均匀的肉丸子，放入锅中，用汤勺轻轻推动，使之不粘连。

③丸子全部挤好后开大火将汤烧沸，放入冬瓜片煮 5 分钟，加盐调味，放入香菜，滴入香油即可。

营养功效： 冬瓜丸子汤中维生素含量高，脂肪少，且钾盐含量高、钠盐含量较低，有消肿而不伤正气的作用。

妊娠斑困扰了很多妈妈。富含维生素 E 的食物能滋润皮肤，预防斑点；维生素 C 含量丰富的新鲜蔬果有淡化色素的作用。

产后第 37 天
妈妈这样吃

第 37 天吃什么

1.柠檬含有大量维生素 C，妈妈常喝柠檬水，可美白肌肤，防止黑色素沉淀，达到祛斑的效果；

2.不要吃夜宵，也不要熬夜，让身体得到充足的休息，以促进新陈代谢，利于紧致皮肤、防止肤色暗沉，为瘦身做准备。

养护关键点

* 注意休息，不要过早工作

* 别让宝宝只吃一侧乳房

* 外出要做好防晒

早餐

丝瓜粥

搭配

丝瓜粥 1 碗 + 芝麻圆白菜 1 份 + 玉米饼 1 块

原料	做法
丝瓜 50 克，大米 80 克，虾皮适量。	① 大米洗净，浸泡 30 分钟。 ②丝瓜洗净，去皮，切小块；虾皮洗净。 ③锅中倒入大米、水，大火煮沸，转小火煮至米快熟，放入丝瓜块与虾皮，煮至食材全熟，即可。

营养功效：丝瓜中含有的多种维生素，不仅可以延缓皮肤衰老，而且还有美白润肤的作用。

菱白炖排骨

搭配

菱白炖排骨 1 份 + 银耳桂圆莲子汤 1 碗
+ 米饭 1 碗

原料

菱白 100 克，
排骨段 100 克，
香菇 2 朵，
姜片、盐各适量。

做法

①菱白洗净，削皮，切成滚刀块；排骨段洗净后在开水中氽烫，洗净血沫；香菇洗净去蒂，切十字刀。

②锅中放水煮开，放入排骨段、香菇、菱白块和姜片煮30 分钟，出锅加盐即可。

营养功效：菱白不仅有催乳的功效，其富含的维生素 E 还有助于滋养皮肤。

虾肉奶汤羹

搭配

虾肉奶汤羹 1 碗 + 糖醋西葫芦丝 1 份
+ 二米饭 1 碗

原料

虾 250 克，
胡萝卜、西蓝花各 50 克，
牛奶、盐各适量。

做法

① 虾洗净，去壳，去虾线去壳；胡萝卜洗净，切片；西蓝花洗净，掰小朵。

② 锅中水开后放入胡萝卜片、西蓝花，加盐调味，大火煮沸后，加入虾仁，再煮 10 分钟，关火加入牛奶搅匀，即可。

营养功效：牛奶含有多种营养素，如钙、蛋白质等；虾仁同样含有丰富的优质蛋白质，两者搭配非常适合产后妈妈食用。

减肥瘦身的同时，一定要注意对胃肠的保护，不要让肠胃受到过多的刺激，多喝一些清淡营养的汤、粥。

产后第 38 天
妈妈这样吃

第 38 天吃什么

1. 早餐食物以暖、软为主，午餐以营养丰盛的食材为主，晚餐则要清淡、不油腻；

2. 酸奶易于吸收，且富含益生菌，对肠道生态平衡有益，热量也较低，适合产后妈妈瘦身时食用。

养护关键点

* 多吃温和、易消化的食物
* 脚部不要着凉
* 喂完奶放松一下双臂

早餐

银耳樱桃粥

搭配

银耳樱桃粥 1 碗 + 肉包 1 个 + 煮鸡蛋 1 个

原料

银耳 20 克，
樱桃、大米各 30 克，
桂花、冰糖各适量。

做法

① 银耳泡软，洗净，撕成小朵；樱桃去柄，洗净。

② 大米淘洗干净，冷水浸泡半小时，捞出，沥干水分。

③ 锅中加适量清水，放入大米，先用大火烧沸，再改用小火熬煮。

④ 待米粒软烂时，加入银耳，再煮 10 分钟左右，放入樱桃，加桂花拌匀，煮沸后加冰糖。

营养功效：樱桃既可防治缺铁性贫血，又可增强体质、健脑益智，非常适合产后妈妈食用，但樱桃不宜多食。

大白菜烧蛋饺

搭配

大白菜烧蛋饺 1 份 + 蒜蓉茼蒿 1 份
+ 芋头饭 1 碗

原料

大白菜 200 克，
蛋饺 5 个，
盐适量。

做法

①大白菜洗净，切片。

②油锅烧热，放入大白菜翻炒，八成熟时盛起备用。

③另起一锅，锅内加水，开大火，放入蛋饺，煮熟。

④将大白菜倒入锅中，与蛋饺同煮约 5 分钟，出锅前加盐调味即可。

营养功效：大白菜含丰富的维生素、膳食纤维和抗氧化物质，能促进肠胃蠕动，帮助消化。

木瓜竹荪炖排骨

搭配

木瓜竹荪炖排骨 1 碗 + 鸡胸肉扒小油菜 1 份
+ 米饭 1 碗

原料

排骨块 300 克，
竹荪 25 克，
木瓜 200 克，
盐适量。

做法

①排骨块放入沸水中余烫一下，洗去血沫；竹荪用盐水泡发，洗净，切小段；木瓜去皮、去子，切块。

②竹荪段、排骨块、木瓜块一起放入砂锅中，加盖炖煮。

③待排骨熟透，加盐调味即可。

营养功效：竹荪有保护肝脏、减少腹壁脂肪堆积的作用，从而帮助妈妈达到减肥的目的。

妈妈要保证每天摄入足够的蛋白质、铁、钙等营养素，做好荤素搭配，避免受到便秘、气血不足等困扰。

产后第 39 天
妈妈这样吃

● ●

第 39 天吃什么

1.肥肉、板油等高油、高热的食物应尽量少食，炸花生米、炸虾等油炸类食物也不宜吃，因为会增重和加重胃肠负担；

2.爱吃零食的妈妈可以将各种水果和蔬菜当成日常零食，既能保证补充丰富的维生素，还能瘦身养颜。

养护关键点

＊ 补气补血

＊ 进行"中断排尿"练习

＊ 不要过早穿高跟鞋

鱼丸苋菜汤

搭配

鱼丸苋菜汤 1 碗 + 煮鸡蛋 1 个 + 葱花饼 1 块

原料	做法
鲤鱼净肉 200 克，苋菜 20 克，高汤、枸杞、盐、香油各适量。	①将苋菜择好，洗净，切段；鲤鱼净肉洗净，剁成鱼肉蓉。②锅中煮开高汤，手上沾水，把鱼肉蓉搓成丸子，放入高汤内煮 3 分钟。③再加入苋菜段和枸杞略煮，最后加盐调味，淋入香油即可。

营养功效：鲤鱼肉脂肪含量极少，苋菜具有补血、生血等功效，在帮助妈妈补血的同时，也可预防肥胖。

清蒸大虾

搭配

清蒸大虾 1 份 + 三鲜饺子 10 个 + 饺子汤 1 碗

原料

大虾 200 克，
葱、姜、醋、
酱油、香油各适量。

做法

①大虾洗净，除去脚、须，
摘除虾线。

②葱切丝；姜一半切片，一
半切末。

③将大虾摆在盘子上，加葱
丝、姜片，蒸 10 分钟左右。

④将姜末、醋、酱油、香油
搅拌均匀作调味料，蘸食。

营养功效：虾的蛋白质、钙含量丰富。

板栗扒白菜

搭配

板栗扒白菜 1 份 + 茄丁面 1 份 + 香蕉 1 根

原料

白菜心 200 克，
板栗 100 克，
葱段、姜末、
水淀粉、盐各适量。

做法

①白菜心洗净，切成片，
先放入锅内煸炒至软；板
栗洗净，放入热水锅中煮
熟，取出，剥去外皮，
备用。

②油锅烧热，放入葱段、
姜末炒香，接着放入白菜
片与板栗，加少量清水煮
开，用水淀粉勾芡，加盐
调味即可。

营养功效：白菜富含膳食纤维和多种维生素，板栗含
有丰富的维生素和矿物质，两者搭配能调理身体，还能
预防便秘。

马上要出月子了，此时瘦身方式很重要，妈妈应吃一些利水消肿和促进脂肪代谢的食物，此外要注意饮食合理搭配。

产后第40~42天
妈妈这样吃

第40~42天吃什么

1.盐分摄取不宜过多，否则容易导致水分积存，出现水肿情况；

2.控制好体重的同时，也要注意皮肤的保养，通过饮食可以改善皮肤、头发的状况。

养护关键点

* 控制好饮水量，睡前少饮水

* 产后42天要进行健康检查

* 注意避孕

玉米胡萝卜粥

搭配

玉米胡萝卜粥1份 + 紫米馒头1个 + 煮鸡蛋1个

原料	做法
胡萝卜100克，玉米粒、大米各50克。	①胡萝卜去皮洗净，切成小块；大米洗净，用清水浸泡30分钟；玉米粒洗净。 ②将大米、胡萝卜块、玉米粒一同放入锅内，加清水大火煮沸。 ③转小火继续煮至米烂粥稠即可。

营养功效：胡萝卜含有抗氧化剂胡萝卜素，能有效淡化皱纹。

豆芽木耳汤

搭配

豆芽木耳汤 1 份 + 麻酱菠菜 1 份 + 什锦面 1 份

原料

去根黄豆芽 50 克，
木耳 10 克，
西红柿 1 个，
高汤、盐各适量。

做法

①西红柿的外皮轻划十字刀，放入沸水中略烫，去皮，切块；木耳泡发后切条；黄豆芽洗净。

②油锅烧热，放入黄豆芽翻炒，加入高汤，放入木耳条、西红柿块，用中火煮至食材熟透，加盐调味即可。

营养功效：木耳含有丰富的膳食纤维和一种特殊的植物胶质，这两种物质能够促进胃肠的蠕动，有助于妈妈瘦身。

芹菜茭白汤

搭配

芹菜茭白汤 1 份 + 虾仁蛋炒饭 1 份

原料

茭白 100 克，
芹菜 50 克。

做法

①茭白洗净，去皮，切条；芹菜洗净，切段。

②将茭白条、芹菜段及适量水放入锅中，煮开，饮用即可。

营养功效：茭白水分高、热量低，食用后会产生饱腹感，是妈妈产后瘦身的理想食物。

第七章

产后常见不适食疗方

恶露不尽

便秘

乳房胀痛

水肿

失眠

脱发

贫血

抑郁

产后痛风

宝宝出生后，喜悦和幸福包围着妈妈，但因为分娩耗费了妈妈的大量元气，导致一些不适也同时向妈妈袭来，比如恶露不尽、便秘、乳房胀痛、失眠、脱发等。其实，针对这些不适，有一些食材有着不错的疗效，不妨来试试这些营养美味又有助于缓解不适的食疗方吧！

扫一扫
看视频

恶露不尽食疗方案

恶露是由胎盘剥落后的血液、黏液、坏死蜕膜等组织构成, 正常情况下, 产后恶露会经过血性恶露、浆性恶露和白色恶露三个阶段。如果血性恶露持续 2 周以上, 量多或为脓性、有臭味, 有可能出现细菌感染。如果情况不严重, 可以用食疗方来缓解。

**缓解
恶露不尽
食材**

产后护理注意事项 产后取半坐卧位休息, 使血气下行, 利于恶露排出; 选用经期常用、不过敏、正规厂家生产的卫生巾; 坚持母乳喂养, 促子宫收缩, 利排恶露。

红糖
活血化瘀、
止痛

生姜葱白红糖汤

原料: 葱白(带根须)、生姜各 25 克, 红糖适量。

做法: ①将带根须的葱白洗净; 生姜洗净, 切成大片。②将葱白和生姜片放入锅内, 加一碗水煮开。③放适量红糖, 趁热服下。

益母草煮鸡蛋

原料: 益母草 5 克, 鸡蛋 2 个。

做法: ①益母草洗净; 锅中加适量水, 放入益母草煮 30 分钟, 滤去药渣, 取汁。②锅内倒入药汁煮开, 打入鸡蛋, 煮熟即可。

莲藕
清热、止血、
散瘀

生姜
促排恶露、
祛风寒

扫一扫
看视频

乳房胀痛食疗方案

妈妈在产后两三天会分泌大量乳汁,如果乳汁分泌过多,又没有及时排出,就会出现明显的乳房胀痛。长时间的乳汁淤积不仅会让妈妈感到乳房疼痛,还很容易引起乳腺炎。

产后护理注意事项 坚持哺乳,让宝宝频繁吸吮;喂完奶后要清空乳房;佩戴合适的文胸;热敷乳房并适度按摩;左右乳房交替轮换喂奶。

**缓解
乳房胀痛
食材**

胡萝卜炒豌豆

原料:胡萝卜100克,豌豆50克,姜片、水淀粉、盐各适量。

做法:①胡萝卜洗净,切丁;豌豆洗净。②将胡萝卜丁和豌豆焯熟沥干。③油锅烧热,用姜片爆香,下胡萝卜丁、豌豆,爆炒至熟,调入盐,加入水淀粉,炒均匀即可。

丝瓜炖豆腐

原料:丝瓜、豆腐各100克,高汤、盐、葱花、香油各适量。

做法:①豆腐洗净,切小块,焯烫一下;丝瓜洗净去皮,切小块。②油锅烧热,放入丝瓜块煸炒至发软,放入高汤、盐大火烧开。③下入豆腐块,转小火约炖10分钟后关火,淋上香油、撒葱花后盛出即可。

豌豆
通乳消胀

丝瓜
通乳消水肿

海带
活血化瘀

红豆
利水消肿

扫一扫
看视频

产后便秘食疗方案

妈妈以产后两三天内排便为宜，如出现大便数日不行或排便时干燥疼痛、难以解出的情况，就是遇到产后便秘了。分娩后胃口不好、伤口疼痛、活动减少、饮食缺乏膳食纤维，都是产后便秘形成的重要因素。

缓解产后便秘食材

山药
促进肠蠕动

银耳
排毒养颜

苹果
润肠通便

玉米
刺激肠蠕动

产后护理注意事项 产后身体允许的情况下早日下床活动；养成定时排便好习惯；早餐前半小时喝一杯温开水；腹带不要绑得过紧；多吃富含膳食纤维的食物。

竹荪红枣茶

原料：竹荪 1 根，红枣 6 颗，去心莲子 10 克，冰糖适量。

做法：①竹荪用清水浸泡 1 小时至完全泡发，收拾干净，洗净后切小段，放在热水中煮 1 分钟，捞出，沥干水；莲子洗净；红枣洗净，去掉枣核。②将竹荪、莲子、红枣肉一起放入锅中，加清水大火煮沸后转小火再煮 20 分钟，加入适量冰糖调味即可。

蜜汁山药条

原料：山药 50 克，熟芝麻 10 克，蜂蜜、冰糖各适量。

做法：①山药洗净去皮，切成条。②山药条入沸水焯熟，捞出码盘。③锅中加水，放入冰糖，小火烧至冰糖完全化开，倒入蜂蜜，熬至开锅冒泡，将蜜汁均匀地浇在山药条上，撒上熟芝麻即可。

扫一扫
看视频

产后贫血食疗方案

妈妈在分娩过程中及产后都会或多或少地失血,可能造成贫血或加重妈妈的贫血程度,产后及时、合理补血至关重要。其实,只要通过健康的饮食就能达到很好的补血效果,比如多吃含铁多的食物。

> **产后护理注意事项** 贫血会累及眼睛,因此要保护好眼睛;产后贫血的妈妈千万不要急于减肥瘦身;重视补充铁元素;脾胃是气血生化之源,注意健脾和胃。

缓解产后贫血食材

花生红枣茶

原料: 花生仁 60~90 克, 红枣 30~50 克, 红糖适量。

做法: ①先将花生仁洗净, 在温水中浸泡半小时。②红枣洗净后温水泡开, 去核取枣肉。③将上述材料加清水煎煮半小时, 加适量红糖即可。

三丝牛肉

原料: 牛肉 100 克, 木耳 30 克, 胡萝卜 50 克, 菠菜段、香油、酱油、白糖、葱花、盐各适量。

做法: ①将牛肉、木耳、胡萝卜均洗净切丝。②用香油、酱油、白糖将牛肉丝腌 30 分钟。③将牛肉丝放入油锅中炒至八成熟后取出。④将木耳、胡萝卜放入油锅中翻炒片刻, 再放入菠菜段, 最后加入牛肉丝烩炒, 放盐调味, 撒上葱花即可。

红枣
养血安神

花生
健脾补血

猪肝
补肝补气血

牛肉
补气养血

扫一扫
看视频

产后脱发食疗方案

怀孕后，孕妈妈体内雌性激素增多，使得头发的寿命都延长了；分娩后，妈妈体内的雌性激素恢复正常，那些"超期服役"的头发就开始脱落，因此，很多妈妈在月子期间都会出现不同程度的脱发现象。

**缓解
产后脱发
食材**

产后护理注意事项 经常按摩头皮，促进头部血液循环；心情舒畅，保持乐观情绪；多吃富含蛋白质的食物，多吃新鲜蔬菜及水果等；月子期间别染发、烫发。

猕猴桃
养发、护发、
长头发

黑豆
补肾防脱发、
使头发乌黑

黑芝麻
促进头皮细
胞代谢

蜂蜜芝麻糊

原料：蜂蜜 1 匙，黑芝麻 20 克。

做法：①将黑芝麻放入豆浆机中，加适量水打成黑芝麻糊。②盛出黑芝麻糊，加入蜂蜜搅拌均匀，每天食用 2 次。

海带黑豆煲瘦肉

原料：海带丝、黑豆各 30 克，猪瘦肉 100 克，葱段、盐、姜片各适量。

做法：①将黑豆洗净，泡发；海带丝洗净。②猪瘦肉洗净切成厚片，在沸水中氽去血水。③在锅中放入适量清水，放入猪瘦肉和海带丝、黑豆、葱段、姜片，煲熟后，放入盐调味即可。

扫一扫
看视频

产后抑郁食疗方案

有些妈妈在生完孩子后，觉得自己好像"多愁善感"了，动不动就会出现情绪低落、忧郁、爱哭的现象。有时甚至会忽然心情烦躁、焦虑，睡也睡不好，一旦出现这些现象，妈妈就要注意是否得了产后抑郁症。

产后护理注意事项 身体日渐恢复后，适当增加一些娱乐活动；天气晴朗时去室外散散步；与朋友聊聊天；多吃一些抗抑郁的食物；学会自我调整、自我克制。

缓解产后抑郁食材

牛奶香蕉芝麻糊

原料：牛奶 250 毫升，香蕉 1 根，玉米面 30 克，白糖、黑芝麻各适量。

做法：①将牛奶倒入锅中，开小火，加入玉米面和白糖，边煮边搅拌，煮至玉米面熟。②将香蕉剥皮，用勺子压碎，放入牛奶糊中，再撒上芝麻即可。

什锦西蓝花

原料：西蓝花、菜花各 100 克，胡萝卜 50 克，白糖、醋、香油、盐各适量。

做法：①西蓝花、菜花分别洗净，掰小朵；胡萝卜洗净去皮，切片。②将全部蔬菜放入开水中焯熟，凉凉盛盘，加少许白糖、醋、香油、盐，搅拌均匀即可。

干贝
稳定情绪

香蕉
"快乐水果"

西蓝花
缓解抑郁

南瓜
安抚情绪

扫一扫
看视频

产后失眠食疗方案

产后失眠一方面是由于妈妈内分泌的改变，致使体内雌激素水平下降造成的；另一方面是因产后体质虚弱、情绪波动、轻微抑郁及半夜给宝宝喂奶而导致的失眠，可以多吃一些有助于安眠的食物。

缓解产后失眠食材

产后护理注意事项 调理好自己的心情；睡前听听舒缓的音乐或适当按摩；睡前两小时内最好别进食；适当做些身体锻炼；避免过长的午睡或傍晚的小睡。

黄花鱼
安神定气，
促进睡眠

牛奶
舒缓神经，
帮助入睡

荔枝
改善失眠与
健忘

荔枝粥

原料：干荔枝 6 颗，红枣 2 颗，大米 50 克。

做法：①将大米淘洗干净，用清水浸泡 30 分钟；干荔枝去壳取肉，用清水洗净，备用；红枣洗净。②将大米、红枣与干荔枝肉同放锅内，加清水，用大火煮沸，转小火煮至米烂粥稠即可。

银耳桂圆莲子汤

原料：干银耳 3 克，干桂圆、去心莲子各 20 克，冰糖适量。

做法：①干银耳用水浸泡 2 小时，撕成小朵；干桂圆去壳；去心莲子洗净，备用。②将银耳、桂圆干、莲子一同放入锅内，加水大火煮沸后，转小火继续煮，煮至银耳、莲子完全熟烂，汤汁变浓稠，加入冰糖调味即可。

扫一扫
看视频

产后水肿食疗方案

妈妈在产褥期内出现下肢或全身水肿，称为产后水肿。脾胃虚弱或肾气虚弱都会导致体内水分过多，使妈妈出现头晕心悸、脉象细弱无力等症状，在体重增加的同时，还会出现眼皮水肿、脚踝或小腿水肿。

产后护理注意事项 日常起居务必做好保暖工作；调整饮食，避开高糖高盐食物；适当进行运动，促进血液循环；穿着以舒适为主，尤其是内衣裤；保持心情愉悦。

鸭肉粥

原料：大米 50 克，鸭肉块 100 克，葱段、姜丝、盐各适量。

做法：①将鸭肉块、葱段放入锅中，加清水，中火煮 30 分钟，撇去浮沫。②将大米洗净，放入锅中，加入姜丝，小火煮 30 分钟，出锅前加盐调味。

红豆薏米姜汤

原料：红豆 50 克，薏米 30 克，老姜 5 片，白糖适量。

做法：①将红豆和薏米用冷水浸泡 3 小时以上，将老姜、红豆、薏米与清水同煮。②大火煮开后，转小火继续煮 40 分钟，待红豆、薏米煮熟软后，加少量白糖调味。

**缓解
产后水肿
食材**

薏仁米
促进水分代谢

鲫鱼
健脾胃，
通血脉

冬瓜
利尿，助消化

鸭肉
滋阴养胃，
利水消肿

扫一扫
看视频

产后痛风食疗方案

妈妈在产褥期出现腰膝、足跟、关节甚至全身酸痛、麻木沉重，或腰肩发凉、肌肉发紧、酸胀不适、四肢僵硬等不适症状，尤其在遇到阴雨天的时候，症状更加显著，即可认为是患上了产后痛风。

缓解产后痛风食材

产后护理注意事项 月子期间尽量少碰凉水；居住环境避免潮湿；适当活动，增强体质；忌食寒凉、辛辣食物；保持心情舒畅。

白萝卜
滋阴强身，
生津利尿

土豆
健脾益气
缓解便秘

茄子
活血消肿，
清热止痛

宫保素三丁

原料：土豆1个，红椒、黄椒、黄瓜各100克，花生仁20克，葱末、白糖、盐、香油、水淀粉各适量。

做法：①将花生仁过油炒熟；土豆洗净去皮，切成丁；红椒、黄椒、黄瓜分别洗净，切丁。②油锅烧热，煸香葱末，放入所有食材大火快炒，加白糖、盐调味，用水淀粉勾芡，最后淋香油即可。

白萝卜粥

原料：白萝卜、大米各100克，葱花、盐各适量。

做法：①白萝卜洗净，切成丁，撒少许盐抓腌一下（去涩味）后用水洗干净，沥水；大米淘洗干净备用。②将大米、水放入砂锅，大火烧沸，加入白萝卜丁，转小火煮至粥黏稠，撒上葱花即可。